铸造实用技术丛书

抗磨白口铸铁

朴东学　平宪忠　宋　量　编著

机械工业出版社

本书全面总结归纳了抗磨白口铸铁的研究成果和生产实践经验，系统地介绍了各类抗磨白口铸铁的化学成分、金相组织、力学性能、铸造工艺、热处理工艺及其使用性能的相关技术参数。其主要内容包括抗磨白口铸铁的种类、抗磨白口铸铁的组织与形成及合金元素的影响、细化和改善白口铸铁共晶碳化物的形态及分布、抗磨白口铸件服役中常遇到的磨损及特点、提高抗磨白口铸件的使用性能、抗磨白口铸铁的熔炼和抗磨白口铸铁件的热处理。本书内容丰富，理论联系实际，从生产和应用角度介绍了在抗磨白口铸铁生产中应给予重视的关键要素和相关技术工艺措施，实用性强。

本书可供铸造工程技术人员、工人使用，也可供冶金、矿山、电力、建材、铁路、机械等领域的技术人员和相关专业的在校师生参考。

图书在版编目（CIP）数据

抗磨白口铸铁/朴东学，平宪忠，宋量编著. —北京：机械工业出版社，2022.5

（铸造实用技术丛书）

ISBN 978-7-111-70471-3

Ⅰ.①抗…　Ⅱ.①朴…　②平…　③宋…　Ⅲ.①抗磨损-白口铁-研究　Ⅳ.①TG143.1

中国版本图书馆 CIP 数据核字（2022）第 052578 号

机械工业出版社（北京市百万庄大街 22 号　邮政编码 100037）
策划编辑：陈保华　　　　　责任编辑：陈保华　王春雨
责任校对：张晓蓉　李　婷　封面设计：马精明
责任印制：李　昂
北京捷迅佳彩印刷有限公司印刷
2022 年 6 月第 1 版第 1 次印刷
184mm×260mm · 10.5 印张 · 218 千字
标准书号：ISBN 978-7-111-70471-3
定价：69.00 元

电话服务　　　　　　　　　网络服务
客服电话：010-88361066　机　工　官　网：www.cmpbook.com
　　　　　010-88379833　机　工　官　博：weibo.com/cmp1952
　　　　　010-68326294　金　书　网：www.golden-book.com
封底无防伪标均为盗版　机工教育服务网：www.cmpedu.com

序

铸造是国民经济中的基础行业，我国已连续21年稳居世界铸件产量首位，是规模最大、品种最全的铸造大国。我国每年生产的近500万t耐磨铸件中，抗磨铸铁件占了1/3多。而作为一种广纳多学科的金属成形工艺，近年来铸造生产新技术、新设备不断涌现，铸造企业也纷纷贯彻创新、协调、绿色理念，在提质增效方面开展改善工作，这本实用的技术指导专著的出版可谓恰逢其时。

《抗磨白口铸铁》的第一作者朴东学研究员是我国耐磨材料领域的著名专家、铸造行业终身成就奖获得者，曾获机械部突出贡献荣誉，享受国务院政府特殊津贴。我曾有幸在沈阳铸造研究所与朴东学研究员共事，他一直从事着特种耐磨铸铁的研究工作，始终坚持将实验室材料研究与实际生产相结合的应用研究技术路线，有多项科研成果并分别获国家、省部级科学技术进步奖和发明专利奖，培养了多名研究生，完成过50多项国家重点科研和国家标准的制定修订任务。我国第一个抗磨白口铸铁国家标准就是他负责牵头制定的。

《抗磨白口铸铁》主要是朴东学研究员对自己近60年工作经验的系统总结之作，不仅具有很强的专业性、技术性，更重要的是它还关注了耐磨铸件生产和应用的视角，探讨了不同工况条件对铸造白口铸铁的化学成分、金相组织、力学性能和热处理工艺的要求，给出了获得优质抗磨铸铁件的工艺控制参数和质量指标，为从事耐磨材料设计研究和生产应用的专业工作者提供了非常好的借鉴。

欣闻《抗磨白口铸铁》付梓，受邀作序，不胜荣幸。

中国铸造协会会长

前 言

1882 年英国人 Hadfield 所发明的奥氏体锰钢（又名 Hadfield 钢）问世之后，人们相继研究开发了各类钢铁抗磨材料，尤其是各类抗磨白口铸铁。其中高铬抗磨白口铸铁最早出现于 20 世纪 30 年代，经过多年的研发和生产实践，不断得到完善和发展。从 20 世纪 60 年代开始，抗磨白口铸铁得到广泛应用，并显示出了优异的耐磨性、耐蚀性和耐热性。抗磨白口铸铁早已成为当今不可或缺的、最受欢迎的抗磨材料之一，是当代抗磨材料的主流。

本书通过总结归纳多年抗磨白口铸铁的研究成果和生产实践经验，从生产和应用角度着重讨论和论述了在抗磨白口铸铁生产中应给予重视的关键要素和相关技术工艺措施。第 1~5 章简要论述了各类抗磨白口铸铁的基本成分和组织及应用范围；重点论述了抗磨白口铸铁的组织与形成、细化和改善抗磨白口铸铁共晶碳化物的形态及分布、抗磨白口铸件服役中常遇到的磨损及特点、提高抗磨铸件使用性能的工艺措施等。第 6 章抗磨白口铸铁的熔炼，介绍了抗磨白口铸铁的熔炼的基本要求、无芯感应电炉操作与控制、优化设计高铬白口铸铁化学成分并严格控制波动范围和主要元素的选用、辅助合金元素和微量合金元素的基本原则、高铬白口铸铁熔炼工艺与操作规范等。第 7 章抗磨白口铸铁件的热处理，重点介绍了抗磨白口铸铁件热处理的基本要求、制订抗磨白口铸铁件热处理工艺时应掌握的基本概念与要点、抗磨白口铸铁热处理工艺的技术规范、典型抗磨白口铸铁的热处理工艺及应用实例、高温热处理防氧化措施和应用实例、高温热处理时防变形与矫正等。

沈阳铸造研究所、临沂天阔铸造有限公司、鞍山矿山耐磨材料有限公司、宁国市开源电力耐磨材料有限公司等，为本书提供许多生产实践方面难得的素材，借此机会对相关人员深表谢意。

由于作者的经验和水平有限，书中定有疏漏与不当之处，诚望各位前辈、各位专家及广大读者批评指正。十分期待本书为我们实现由大变强的铸造强国梦贡献一份微薄之力。

作 者

目　录

第 1 章 抗磨白口铸铁的种类

在磨料磨损、腐蚀磨损、冲蚀磨损和冲刷磨损等各类磨损领域中，较为广泛应用的抗磨铸铁可分两大类：一大类为抗磨白口铸铁，主要包括各类亚共晶白口铸铁；另一大类为抗磨球墨铸铁，主要包括马氏体球墨铸铁和奥铁体球墨铸铁（ADI 或 CADI)。本书介绍抗磨白口铸铁。

抗磨白口铸铁的种类较多，常用的有普通白口铸铁、低铬白口铸铁、中铬白口铸铁、高铬白口铸铁、镍硬铸铁（Ni-hard）等。其他还有钒合金白口铸铁、锰合金白口铸铁、钨合金白口铸铁、硼合金白口铸铁等，但其用量相对较少。

1.1 普通白口铸铁

普通白口铸铁是一种由碳、硅、锰、磷、硫 5 种元素组成的铸铁，该铁合金凝固时按介稳定系结晶，从而获得由 Fe_3C 型共晶渗碳体（硬度为 850~1100HV）和珠光体基体组成的铸态普通白口铸铁。其共晶渗碳体连续网状分布于基体，割裂基体，因此硬度低于其他类型的合金碳化物。该铸铁韧性较低，耐磨性也不如其他类型的抗磨白口铸铁，只能用于较低冲击载荷且磨损不够严重的磨损领域，如犁铧、农机及粮食加工设备的零部件等。

普通白口铸铁经等温淬火处理后，共晶碳化物在高温下部分溶解，原网状断裂，基体由珠光体变为贝氏体（含有一定奥氏体)，其强韧性和硬度可以得到显著的提高。等温淬火处理后的普通白口铸铁可以显示良好耐磨性和综合力学性能［硬度>50HRC，冲击吸收能量（无缺口）KN_2 为 8~10J］。

普通白口铸铁的成分、组织及力学性能见表 1-1。

表 1-1 普通白口铸铁的成分、组织及力学性能

序号	化学成分(质量分数,%)					金相组织	应用
	C	Si	Mn	P	S		
例 1	3.4~3.8	0.4~0.6	0.8~1.0	<0.1	<0.1	渗碳体+莱氏体	磨粉机磨片
例 2	2.6~2.8	0.6~0.7	0.8~1.0	<0.3	<0.1	渗碳体+珠光体	犁铧、粮食加工设备磨损铸件
例 3	2.2~2.5	<1.0	0.5~1.0	<0.08	<0.08	渗碳体+珠光体	犁铧
例 4 (等温淬火后)	2.4~2.8	0.8~1.2	<0.3	<0.05	<0.05	渗碳体+贝氏体+奥氏体	犁铧 拖拉机扒片

1.2　低铬白口铸铁

多年的生产实践表明，含有质量分数为1.0%~5.0%铬的白口铸铁，比普通白口铸铁具有较好的耐磨性和性价比，已成为抗磨白口铸铁中不可轻易忽视的一种材料，称为低铬白口铸铁。

碳含量是决定低铬白口铸铁共晶碳化物含量和硬度、形状和分布及尺寸的基本因素。碳含量低时，其共晶碳化物倾向于以晶界碳化物形态存在，含量较低。碳含量高时，组织中出现大块的莱氏体，材料的韧性降低，淬火裂纹的敏感性增加。随着碳含量的增加，抗磨相（$(Fe,Cr)_3C$（M_3C）共晶碳化物增多，宏观硬度提高，冲击吸收能量降低。生产中根据铸件结构特点和服役的工况条件，确定适宜的碳含量是十分重要的。承受一定冲击或需要高温热处理的铸件，一般选用较低碳含量；承受冲刷磨损为主的铸件，可采用较高碳含量。碳的质量分数为2.3%~2.7%时，珠光体低铬白口铸铁可获得较高的冲击疲劳抗力和相对韧性，在硅砂为磨料的磨损领域中有较好的抗冲击磨损性能。

低铬白口铸铁中的铬大部分形成合金碳化物（$(Fe,Cr)_3C$（硬度不低于1100HV），小部分溶解于奥氏体基体内。由于铬的存在，溶解在奥氏体中的碳相应减少，使奥氏体的稳定性有所降低。然而，当采用适宜的冷却速度时，高温奥氏体可以转变为高硬度马氏体。铬含量的增加有利于改善碳化物的形态和分布，提高低铬白口铸铁的冲击韧度、硬度、疲劳抗力及抗冲击磨损性能。生产中铬的质量分数一般控制在1.0%~5.0%。

硅能够有效抑制铁液的氧化过程，有效地减少铬等元素的氧化损失。在低铬白口铸铁铁液中硅的质量分数低于0.3%时，铸件中常出现氧化型气孔。由于初生奥氏体和共晶奥氏体中固溶的硅存在，导致铬溶解减少，较多的铬进入共晶碳化物，使共晶碳化物硬度得到提高，材料的耐磨性也相应提高。较高的硅含量，可以改善共晶碳化物的形态，提高低铬白口铸铁的冲击吸收能量和冲击疲劳抗力。因此，在以硅砂为磨料的磨损领域中，有较好的抗冲击磨损性能。低铬白口铸铁中硅的质量分数一般控制在1.3%~1.8%为宜。

锰在低铬白口铸铁中的作用与其他铁碳合金中的作用基本相似，溶入共晶碳化物中的锰可提高共晶碳化物的硬度，分布在基体中的锰可提高材料的淬透性。低铬白口铸铁中锰的质量分数不宜超过1.5%，过多的锰会降低马氏体转变温度，易产生过多的残留奥氏体。在冲击载荷下，这种面心立方晶格的残留奥氏体向体心立方晶格的马氏体相变，相变引起的体积膨胀将会导致材料成片剥落。

钼和铜在低铬白口铸铁中，除了固溶强化作用之外，主要还有提高热处理空淬工艺的淬透性和淬硬性的作用。因此，低铬白口铸铁热处理的空淬工艺中，依据铸件结构和壁厚选择适当的钼和铜、锰等合金含量是十分必要的。

生产低铬白口铸铁时，还常常添加微量的稀土（质量分数为0.025%~0.03%）、钒

（质量分数为 0.03%~0.05%）、硼（质量分数为 0.003%~0.005%）、钛（质量分数为 0.01%~0.015%）和碱土金属，而以孕育剂+变质剂的形式加入会使效果更加显著。稀土和碱土金属都有降低铁碳合金亚稳定系统液相线温度和共晶转变开始温度的作用。一方面稀土和碱土金属提高了高温度下奥氏体形核率，加快晶核生长速度，减少晶体分枝；另一方面稀土和碱土金属元素的化合物自由能很低且颗粒细小，易成为奥氏体的稳定异质形核质点，能有效增加凝固时的形核密度和数量，为细化组织创造良好条件；同时，它们的化学活性强，吸附力强，强烈吸附在正在成长的共晶碳化物晶体表面，改变共晶碳化物成长条件，并为共晶碳化物成长提供了适宜的台阶，有利于使共晶碳化物变得孤立、细小、分散。因而在低铬白口铸铁生产中，加入稀土和碱土金属元素进行孕育+变质是十分必要的，能达到改善共晶碳化形态和分布、细化晶粒、脱氧、脱硫、净化铁液，以及有效提高低铬白口铸铁的综合性能的目的。

在低铬白口铸铁生产中，通过加入一定的合金元素和采用适宜的热处理工艺可以提高材料的强度和硬度。但低铬白口铸铁的 M_3C 型共晶碳化物，由于呈现连续网状分布而割裂基体，加之它与奥氏体相在温度变化时的物化特性变化有显著差异，如热导率、热膨胀系数、比体积等，因而会阻止奥氏体相变，导致铸件易发生微观或宏观裂纹。

多年来，人们希望通过改善低铬白口铸铁共晶碳化物的形态和分布来提高其强韧性，从而进行了大量的课题研究和生产实践，虽取得过一些成绩，但其综合结果不明显，效果甚微。

低铬白口铸铁经高温奥氏体化后强制空冷，硬度可达到 55~58HRC，冲击吸收能量在 3~4J 左右。

低铬白口铸铁多数用于冲击载荷较低的磨料磨损领域，其典型铸件为球磨机所用的各类磨球和磨段。例如，某企业采用强制水冷型金属型生产的铸峰 3 号磨段，是低铬白口铸铁优质品牌的典型产品之一。

国内外常用低铬白口铸铁的化学成分见表 1-2，低铬白口铸铁的工艺状态及其组织和力学性能见表 1-3。

表 1-2　国内外常用低铬白口铸铁的化学成分

<table>
<tr><th rowspan="2">国别</th><th rowspan="2">牌号</th><th colspan="9">化学成分（质量分数，%）</th></tr>
<tr><th>C</th><th>Si</th><th>Mn</th><th>P</th><th>S</th><th>Cr</th><th>Mo</th><th>Ni</th><th>Cu</th></tr>
<tr><td rowspan="3">英国</td><td>IA</td><td rowspan="3">2.4~3.4</td><td rowspan="3">0.5~1.5</td><td rowspan="3">0.2~0.8</td><td><0.15</td><td rowspan="3"></td><td rowspan="3">≤2.0</td><td rowspan="3"></td><td rowspan="3"></td><td rowspan="5"></td></tr>
<tr><td>IB</td><td><0.50</td></tr>
<tr><td>IC</td><td><0.15</td></tr>
<tr><td rowspan="2">法国</td><td>FBNi4Cr2BC</td><td>2.7~3.2</td><td rowspan="2">0.2~0.8</td><td rowspan="2">0.3~0.7</td><td rowspan="2"><0.10</td><td rowspan="2"><0.10</td><td rowspan="2">1.5~2.5</td><td rowspan="2">≤1.0</td><td>3.0</td></tr>
<tr><td>FBNi4Cr2BC</td><td>3.2~3.6</td><td>5.0</td></tr>
<tr><td rowspan="2">中国</td><td>Cr-Mo-Cu</td><td rowspan="2">2.4~3.2</td><td>≤1.0</td><td rowspan="2">≤1.0</td><td rowspan="2">≤0.1</td><td rowspan="2">≤0.1</td><td>0.5~4.0</td><td>0~1</td><td>0~1</td><td>≤1.2</td></tr>
<tr><td>低铬</td><td>1.3~1.8</td><td>0.5~3.0</td><td></td><td></td><td></td></tr>
</table>

表 1-3　低铬白口铸铁的工艺状态及其组织和力学性能

序号	工艺状态	金相组织	力学性能			
			硬度 HRC	冲击吸收能量 KN_2/J	抗拉强度 R_m/MPa	挠度 f/mm
1	980℃×4h 空淬或风冷+300℃×2h 空冷	$(Fe,Cr)_3C$+马氏体+残留奥氏体	55~62	3.0~4.0	600~660	1.6~2.0
2	铸态或铸态去应力	$(Fe,Cr)_3C$+珠光体+残留奥氏体	≥46	3.0		

1.3　中铬白口铸铁

通常铬的质量分数为7.0%~9.0%的白口铸铁称为中铬白口铸铁，依据硅碳比可分为低硅（质量分数<1%）中铬白口铸铁和高硅碳比（0.68~0.75）中铬白口铸铁两种。

中铬白口铸铁中不同的碳和铬含量，将改变共晶碳化物结构和数量、尺寸和形状及分布，直接影响其硬度和韧性及耐磨性。碳的质量分数在3.0%左右时，中铬白口铸铁的铬碳比一般为2~4，此时随着铬含量或铬碳比的提高，基体组织中的共晶碳化物中M_7C_3型含量比例将增加，M_3C型含量比例将减少；反之，基体组织的共晶碳化物中M_7C_3型含量比例将减少，M_3C型含量比例将增加。

高硅碳比（0.68~0.75）中铬白口铸铁中含有较高的硅（质量分数为1.6%~2.2%）。由于硅与铁的亲和力大于铬与铁的亲和力，在共晶转变时，硅有效地把铬置换出来，提高此时的铬碳比，为形成M_7C_3型共晶碳化物创造有利条件，促使中铬白口铸铁中的大多数共晶碳化物（>95%）呈现为M_7C_3型结构，从而改善共晶碳化物形态和分布。硅的存在可以缩短过冷奥氏体的等温淬火转变的孕育期，提高等淬后奥氏体稳定性，利于获得硬度和韧性配合适宜的良好基体组织。经不同的等温淬火工艺，可得到马氏体或贝氏体+奥氏体、马氏体+贝氏体+奥氏体等不同基体组织。硅的原子半径较大，固溶在基体中利于强化基体，并可以有效提高基体的电极电位，减少基体与共晶碳化物之间的电极电位差，从而阻碍磨损表面形成致密氧化硅的钝化膜。正因如此，中铬白口铸铁的耐蚀性得到明显提高。同时，硅还有利于脱氧并改善铸铁铸造工艺性能，尤其能明显改善中铬白口铸铁的流动性。中铬白口铸铁中的钼、锰、铜元素既有固溶强化的作用，又有提高淬透性的作用。在表1-4中给出了两种常用中铬白口铸铁的化学成分。高硅碳比中铬白口铸铁的工艺状态、金相组织和力学性能见表1-5。

高硅碳比中铬白口铸铁多数用于有一定冲击载荷的磨料磨损领域和腐蚀磨损领域，其典型铸件为湿式球磨机所用的磨球和冲蚀磨损所用的杂质泵过流部件等。国内多家铸造公司用高硅碳比中铬白口铸铁批量生产杂质泵过流部件。

表1-4　常用中铬白口铸铁的化学成分

种类	化学成分(质量分数,%)							
	C	Cr	Si	Mn	Mo	Cu	S	P
低硅	2.6~3.2	7.0~9.0	<1.0	1.5~2.0	0.3~0.5	1.0~3.0	<0.1	<0.1
高硅	2.4~3.2	7.0~9.0	1.6~2.2	<1.5	<1.0	<1.2	<0.05	<0.05

表1-5　高硅碳比中铬白口铸铁工艺状态金相组织和力学性能

状态	金相组织	硬度 HRC	冲击吸收能量/J	抗弯强度/MPa	挠度 f/mm
铸态去应力处理	细珠光体+M_7C_3+少量 M_3C	≥46	≥3.5	≥800	≥3.0
等温淬火	马氏体或贝氏体+奥氏体+M_7C_3+少量 M_3C	≥58	≥8.0		

1.4　高铬白口铸铁

通常铬的质量分数为11.0%~30.0%，且铬碳比>4的白口铸铁称为高铬白口铸铁。高铬白口铸铁是世界上公认的优良抗磨白口铸铁，是目前抗磨白口铸铁中应用范围最广泛的抗磨材料之一、当今抗磨白口铸铁的主流。20世纪30年代，在镍硬白口铸铁研发的同时，高铬白口铸铁也已经开始研究，但它在工业中的应用比较缓慢。直到20世纪60年代，随着抗磨白口铸件需求日益增多，以及熔化设备感应电炉的逐渐普及，高铬白口铸铁才开始进入生产实用阶段。

亚共晶高铬白口铸铁铬含量高且铬碳比>4，在基体组织中常含有20.0%~35.0%的M_7C_3型共晶碳化物。亚共晶作为抗磨相，其硬度高（1300~1800HV），有一定韧性，呈孤立状且均匀分布于基体组织中，在抵抗石英（900~1280HV）类磨料磨损的条件下，能有效阻止硬而脆的共晶碳化物过早发生裂纹及其进一步的萌生—扩展—剥落。同时，由于高铬白口铸铁中碳、铬等合金元素含量较高，其基体组织的物化性能和特点（如显微硬度高，晶粒细化，电极电位高等）远优于其他白口铸铁基体组织，因此高铬白口铸铁的耐磨性、抗冲击能力及强韧性都远优于其他合金白口铸铁。这也是高铬白口铸铁成为当代最佳抗磨白口铸铁的基本原因。

1.4.1　高铬白口铸铁中的合金元素

高铬白口铸铁含有质量分数为11.0%~30.0%的铬元素，且铬碳比>4，同时根据铸件结构和服役的工况条件也会有一定含量的硅、锰、钼、镍、铜等辅助合金元素和钒、铌、钛、硼、稀土等微量合金元素。

碳（C）是白口铸铁中的重要元素。在高铬白口铸铁中，随着碳含量的提高，共晶碳化物的含量明显增加，耐磨性提高，但基体组织的韧性降低。

铬（Cr）是白口铸铁中的主要合金元素。除形成碳化物外，还有部分溶解于基体中（奥氏体或奥氏体转变组织）。铬的存在提高了材料的淬透性，且淬透性随着铬碳比的增加而提高。

当碳（C）和铬（Cr）的含量确定后，借助于 Fe-Cr-C 系合金相图，可预测高铬白口铸铁凝固后所获得的组织与组成。

钼（Mo）在高铬白口铸铁中，一部分进入共晶碳化物内，一部分溶入奥氏体基体内，其含量为合金总的钼含量的25.0%左右，且能有效提高高铬白口铸铁的淬透性。钼的质量分数为一般控制在<3.0%。当钼（Mo）和铜（Cu）联合使用时，其效果更显著。

镍（Ni）在高铬白口铸铁中全部溶入基体组织中。镍能提高高铬白口铸铁的淬透性，与钼（Mo）联合使用其效果更佳，其质量分数为一般控制在<1.5%。

铜（Cu）在高铬白口铸铁中，能溶入基体组织内起到强化高铬白口铸铁基体和提高淬透性的作用，但其作用小于镍（Ni）和钼（Mo），常与镍（Ni）联合使用。铜（Cu）在高铬白口铸铁基体中奥氏体内的溶解度有限，因而，其质量分数一般控制在<1.5%。

锰（Mn）在高铬白口铸铁中能够较强烈地降低马氏体转变开始温度 Ms 点，使高铬白口铸铁淬火后有较多残留奥氏体，并降低碳化物硬度，降低耐磨性，因而其质量分数一般控制在<1.5%。

硅（Si）在高铬白口铸铁中溶入基体并强化了基体，能改善共晶碳化物的形态，提高 Ms 点，减少基体组织中的残留奥氏体。但过高的硅将显著降低高铬铸铁的淬透性并增加脆性，所以其质量分数一般控制在<1.3%。

钒（V）在高铬铸铁中也有着重要作用。较少的含量（钒的质量分数为0.02%~0.1%）就能细化晶粒，也可减少粗大的柱状晶组织，并改善共晶碳化物形态。铸态时，钒（V）与碳（C）结合即能生成初生碳化物，又可形成二次碳化物，使基体中的碳含量有所降低，提高了 Ms 点，有利于铸态获得马氏体组织。当化学成分（质量分数）为 C 2.5%、Si 1.5%、Mn 0.5%、Cr 15%的高铬铸铁中加入 Mo 1.0%及 V 4.0%时，在铸件试棒 $\phi22 \sim \phi152$mm 范围内均可以获得铸态马氏体组织。

高铬铸铁中有时也添加极少量的硼（B）和钛（Ti）联合使用（B 0.003% + Ti 0.01%），其目的是细化晶粒，提高淬透性，以及提高碳化物硬度和基体硬度。但较多的硼会显著降低断裂韧度和冲击吸收能量，应谨慎使用。

高铬铸铁中的铌（Nd）易形成 NbC 碳化物，其在基体组织中的显微硬度为2400HV，能有效地提高高铬铸铁的耐磨性，其质量分数一般控制在0.01%~0.1%为宜。

常用高铬铸铁按铬含量可分为铬12型高铬白口铸铁、铬15型高铬白口铸铁、铬20型高铬白口铸铁、铬26型高铬白口铸铁四种。

1.4.2 Cr12型高铬白口铸铁

Cr12高铬白口铸铁主要用于生产各类球磨机所用的磨球等高应力研磨磨损铸件。某铸造企业多年来用它批量生产各类优质磨球。Cr12高铬白口铸铁的化学成分见表1-6，组织与力学性能见表1-7。

表1-6 Cr12高铬白口铸铁化学成分

种类	化学成分(质量分数,%)								
	C	Si	Mn	Cr	Mo	Ni	Cu	S	P
低碳Cr12	1.2~1.5	≤1.0	≤1.0	11/14	≤2.0	≤2.0		≤0.05	≤0.05
高碳Cr12	2.4~3.4	≤1.2	≤1.5	11/14	≤3.0	≤2.5	1.2	≤0.05	≤0.05

表1-7 Cr12高铬白口铸铁的组织与力学性能

种类	状态	金相组织	硬度 HRC	冲击韧度 a_K/(J/cm²)
低碳Cr12	空淬或风冷或喷雾回火	马氏体+M_7C_3+二次碳化物+残留奥氏体	≥45	≥4.5
高碳Cr12	铸态去应力处理	细珠光体+马氏体+M_7C_3	≥48	≥3.0
	风冷或喷雾回火或油淬回火	马氏体+M_7C_3+二次碳化物+残留奥氏体	≥56	≥3.0

1.4.3 Cr15型高铬白口铸铁

国内外常用的Cr15高铬白口铸铁的化学成分见表1-8。

表1-8 Cr15高铬白口铸铁的化学成分

国别	化学成分(质量分数,%)								
	C	Si	Mn	Cr	Mo	Ni	Cu	S	P
中国	2.0~3.3	≤1.2	≤2.0	14~18	≤3.0	≤2.5	≤1.2	≤0.06	≤0.1
美国	2.0~3.3	≤1.5	≤2.0	14~18	≤3.0	≤2.5	≤1.2	≤0.06	≤0.1
英国	1.8~3.0	≤1.0	0.5~1.5	14~17	≤2.5	≤2.0	≤2.0	≤0.1	≤0.1
	3.0~3.6	≤1.0	0.5~1.5	14~17	≤3.0	≤2.0	≤2.0	≤0.1	≤0.1
德国	2.3~3.6	0.2~0.8	0.5~1.0	14~17	1.0~3.0	≈0.7		≤0.1	≤0.1
	2.3~2.9	0.2~0.8	0.5~1.5	14~17	1.8~2.2	0.8~1.2		≤0.1	≤0.1
俄罗斯	1.6~2.4	1.5~2.2	≤1.0	13~19	1.8~2.2			≤0.05	≤0.1
	2.4~3.6	0.5~1.5	≤0.5~2.5	14~17	0.5~2.0		1.0~1.5	≤0.1	≤0.1

关于Cr15高铬白口铸铁的成分，国外有的规定比较详细，他们把铬15高铬白口铸铁按化学成分（质量分数）分为15-3型（Cr 15.0%，Mo 3.0%）、15-2-1型（Cr 15.0%，

Mo 2.0%，Cu 1.0%），又把同一型高铬白口铸铁以碳分为高碳/低碳。国际某公司的Cr15 高铬白口铸铁的化学成分见表 1-9。

表 1-9　国际某公司的 Cr15 高铬白口铸铁的化学成分

类型		15-3 型				15-2-1 型
		超高碳	高碳	中碳	低碳	
化学成分（质量分数,%）	C	3.6~4.3	3.2~3.6	2.8~3.2	2.4~2.8	2.8~3.5
	Cr	14.0~16.0	14~16	14~16	14~16	14~16
	Mo	2.5~3.0	2.5~3.0	2.5~3.0	2.4~2.8	1.9~2.2
	Cu					0.5~1.2
	Mn	0.7~1.0	0.7~1.0	0.5~0.8	0.5~0.8	0.6~0.9
	Si	0.3~0.8	0.3~0.8	0.3~0.8	0.3~0.8	0.4~0.8
	S	<0.05	<0.05	<0.05	<0.05	<0.05
	P	<0.10	<0.10	<0.10	<0.10	<0.10
空冷时不生成珠光体的最大截面/mm^2			70	90	120	200
硬度 HRC		铸态	51~56	50~54	44~48	50~55
		淬火	62~64	60~63	58~63	60~64
		退火	40~44	37~42	35~40	40~44

低碳 Cr15 的冲击吸收能量高而硬度低，用于冲击载荷较高的磨损领域；高碳的 Cr15 用于冲击载荷相对较小的磨损领域。

Cr15 高铬白口铸铁的组织由化学成分和冷却速度而决定。铸件壁薄时，铸态可获得奥氏体；铸件壁厚较厚时，铸态基体可能是由马氏体+奥氏体+少量珠光体（铸件心部）组成的混合基体。Cr15 高铬白口铸铁的工艺状态、组织与力学性能见表 1-10。Cr15 高铬白口铸铁的化学成分及其硬度、断裂韧度和抗拉强度见表 1-11。

表 1-10　Cr15 高铬白口铸铁的工艺状态、组织与力学性能

状态	金相组织	硬度　HRC	冲击韧度 a_K/(J/cm^2)
空淬、风冷或喷雾+回火	马氏体+M_7C_3+二次碳化物+残留奥氏体	≥58	≥6

表 1-11　Cr15 高铬白口铸铁的化学成分及其硬度、断裂韧度和抗拉强度

化学成分(质量分数,%)				硬度		断裂韧度	抗拉强度
C	Mn	Cr	Mo	HV	HRC	K_{IC}/MPa · $m^{1/2}$	R_m/MPa
1.80	0.5	15	0.7	750	60	30	750
2.0	0.8	20,Ni0.5	1.7	700	58	28	950
2.0	0.5	12		650	55	25	750
3.0	0.8	15	2.5	800	62	25	900
3.2	1.2	16	0.9	760	63	25	940

Cr15 高铬白口铸铁，主要用于生产承受一定冲击载荷的磨料磨损和冲蚀磨损领域服役的各种抗磨铸件，如各类干态和湿态球磨机所用的磨球、杂质泵过流部件（叶轮、泵壳、吸入护套等）、衬板、复合锤头、造纸机械所用的磨片等。

1.4.4　Cr20 型高铬白口铸铁

在表 1-12 中列出了国内外常用 Cr20 高铬白口铸铁的化学成分。在表 1-13 中列出了常用 Cr20 高铬白口铸铁的组织与力学性能。在表 1-14 中列出了 Cr20 和其他高铬白口铸铁的化学成分及其硬度、断裂韧度和抗拉强度。

表 1-12　Cr20 高铬白口铸铁的化学成分

国别	化学成分(质量分数,%)								
	C	Si	Mn	Cr	Mo	Ni	Cu	S	P
中国	2.0~3.3	≤1.2	≤2.0	18~23	≤3.0	≤2.5	≤1.2	≤0.06	≤0.1
美国	2.0~3.3	1.0~2.2	≤2.0	18~23	≤3.0	≤2.5	≤1.2	≤0.06	≤0.1
英国	1.8~3.0	≤1.0	0.5~1.5	17~22	≤3.0	≤2.0	≤2.0	≤0.1	≤0.1
德国	2.3~2.9	0.2~0.8	0.5~1.0	18~22	1.4~2.2	0.8~1.2		≤0.1	≤0.1
俄罗斯	2.4~3.6	0.2~1.0	1.5~2.5	19~25		V0.15~0.35	Ti0.15~0.35	≤0.08	≤0.1
	0.5~1.6	3.0~4.0	≤1.0						

表 1-13　Cr20 高铬白口铸铁的组织与力学性能

状态	金相组织	硬度　HRC	冲击韧度 a_K/(J/cm²)
空淬或风冷或喷雾+回火	马氏体+M_7C_3+二次碳化物+残留奥氏体	≥58	≥6

表 1-14　Cr20 和其他高铬白口铸铁的化学成分及其硬度、断裂韧度和抗拉强度

化学成分(质量分数,%)				硬度		断裂韧度	抗拉强度
C	Mn	Cr	Mo	HV	HRC	K_{IC}/MPa·m$^{1/2}$	R_m/MPa
1.80	0.5	15	0.7	750	60	30	750
3.0	0.8	15	2.5	800	62	25	900
2.0	0.5	12		650	55	25	750
2.0	0.8	20,Ni0.5	1.7	700	58	28	950
3.0	0.8	20,Ni0.5	1.7	750	60	28	950

Cr20 高铬白口铸铁具有良好强韧性和耐磨性，主要用于生产承受一定冲击载荷的磨料磨损和冲蚀磨损领域服役的各种抗磨铸件，如杂质泵过流部件（叶轮、泵壳、吸入护套等）、衬板、双金属复合锤头、中小型板锤、小型锤头、立磨所用的辊套和衬瓦、造纸机械所用的磨片等。

1.4.5 Cr26 型高铬白口铸铁

Cr26 高铬白口铸铁的铬含量较高，其既具有良好的耐磨性，也具有良好耐热性和耐蚀性。我国和其他国家 Cr26 高铬白口铸铁的化学成分见表 1-15 中。

表 1-15 我国和其他国家 Cr26 高铬白口铸铁的化学成分

国别	化学成分(质量分数,%)									牌号
	C	Si	Mn	Cr	Mo	Ni	Cu	S	P	
中国	2.0~3.3	≤1.2	≤2.0	23~30	≤3.0	≤2.5	≤1.2	≤0.06	≤0.1	BTMCr26
美国	2.0~3.3	≤1.5	≤2.0	23~30	≤3.0	≤2.5	≤1.2	≤0.06	≤0.1	25Cr
英国	2.0~2.8	≤1.0	0.5~1.5	22~28	≤1.5	≤2.0	≤2.0	≤0.1	≤0.1	3D
	2.8~3.5	≤1.0	0.5~1.5	22~28	≤1.5	≤2.0	≤2.0	≤0.1	≤0.1	3E
德国	2.3~2.9	0.5~1.5	0.5~1.0	24~28	≈1.0	≈1.2		≤0.1	≤0.1	G-X260Cr27
	3.0~3.5	0.2~1.0	0.5~1.0	23~28	1.0~2.0	≈1.2		≤0.1	≤0.1	G-X300CrMo27-1
俄罗斯	0.5~1.6	0.5~1.5	1.0	25~30				0.08	0.1	ЧX28
	1.8~3.0	1.5~2.5	1.0	25~30				0.08	0.1	ЧX28п
	2.2~3.0	0.5~1.5	1.5~2.5	25~30		0.4~0.8		0.08	0.1	ЧX28д2

加入适量的合金元素钨（W）和硼（B）可以细化组织并进一步提高 Cr26 铸铁的硬度，而加入铌（Nb）和钼（Mo）却没有什么效果。钼（Mo）能使 Cr30 高铬白口铸铁共晶组织变粗，从而降低力学性能。在表 1-16 中列出了常用 Cr26 高铬白口铸铁的组织与力学性能。

表 1-16 Cr26 高铬白口铸铁的组织与力学性能

状态	金相组织	硬度 HRC	冲击韧度 a_K/(J/cm^2)
铸态	奥氏体+M_7C_3 或奥氏体+马氏体+M_7C_3	≥46	≥6
空淬、风冷或喷雾+回火	马氏体+M_7C_3+二次碳化物+残留奥氏体	≥58	≥6

在表 1-17 中列出了 Cr26 高铬白口铸铁和其他高铬白口铸铁的化学成分及其硬度、断裂韧度和抗拉强度。

表 1-17 Cr26 高铬白口铸铁和其他高铬白口铸铁的化学成分及其硬度、断裂韧度和抗拉强度

化学成分(质量分数,%)				硬度		断裂韧度	抗拉强度
C	Mn	Cr	Mo	HV	HRC	K_{IC}/MPa · m$^{1/2}$	R_m/MPa
1.80	0.5	15	0.7	750	60	30	750
3.0	0.8	15	2.5	800	62	25	900
2.0	0.8	20,Ni0.5	1.7	700	58	28	950

（续）

化学成分(质量分数,%)				硬度		断裂韧度	抗拉强度
C	Mn	Cr	Mo	HV	HRC	K_{IC}/MPa · $m^{1/2}$	R_m/MPa
2.0	0.5	12		650	55	25	750
3.0	0.8	20	1.7	750	60	28	950
2.8	1.0	25		400	38	22	650
3.6	1.0	25		850	65	22	700
2.5	0.6	30	0.5	600	53	25	500

Cr26 高铬白口铸铁中的 M_7C_3 型共晶碳化物，不仅在室温下具有很高的硬度，而且在高温下其硬度降低很少，因此在高温条件下具有良好的抵抗磨料磨损能力，同时具有较高的抗拉强度。在表 1-18 中列出了 Cr28 高铬白口铸铁的力学性能。在表 1-19 中列出了 Cr28 高铬白口铸铁和其他高铬白口铸铁的扭转试验性能。

表 1-18　Cr28 高铬白口铸铁的力学性能

编号及材料	化学成分(质量分数,%)				状态	硬度 HRC	基体硬度 HV	碳化物硬度 HV	抗弯强度/MPa	挠度/mm	冲击韧度/(J/cm²)	断裂韧度 K_{IC}/MPa · $m^{1/2}$
	C	Si	Mn	Cr								
2A	2.52	0.65	0.34	28.5	铸态	50.5	372	1409	1100	3.53	10.1	34.8
3A	2.82	0.71	0.26	28.1	250℃	54.3	499	1744	926	3.04	10.3	34.1
2B	2.52	0.65	0.34	28.5	1160℃×2h	51.5	462	1083		3.20	12.5	38.7
3B	2.82	0.71	0.26	28.1	空冷+250℃	53.1	569		1141	3.01	11.1	32.3
2C	2.52	0.65	0.34	28.5	1040℃×2h	62.3	722		893	2.04	6.0	29.1
3C	2.82	0.71	0.26	28.1	空冷+250℃	63.8	782		952	2.17	7.7	28.6

表 1-19　Cr28 高铬白口铸铁和其他高铬白口铸铁的扭转试验性能

类型	化学成分(质量分数,%)				扭转试验			
					铸态		950℃×50h,炉冷	
	C	Si	Mn	Cr	最大剪切强度/MPa	最大剪断扭转度/10^{-4}rad	最大剪切强度/MPa	最大剪断扭转度/10^{-4}rad
低碳	1.72	0.19	<0.5	14.13	1041	283	707	2760
	1.46	0.19	<0.5	25.65	602	342	590	
高碳	2.74	0.36	<0.5	13.81	878	206	727	635
	2.93	0.5	<0.5	26.45	367	106	583	273

Cr26 高铬白口铸铁，由于既具有良好的耐磨性，也具有良好耐热性和耐蚀性，同时具有良好强韧性的特点，所以其应用范围较广。它既可用于有一定冲击载荷的磨损工况，也可用于高温磨料磨损及湿态腐蚀磨损工况，如轧钢设备中的导卫板、钢铁厂高炉上的大小料钟、锅炉用喷嘴、复合锤头、中大型板锤、杂质泵过流部件、立磨所用的辊

套和衬瓦、造纸机械所用的磨片和磨针等。

1.5 镍硬白口铸铁

镍硬白口铸铁（Ni-hard）是20世纪30年代开始研发应用的。它是抗磨合金白口铸铁尤其是高铬白口铸铁发展历史上的一个重要的转折点。

镍硬白口铸铁可分Ni-Hard1、Ni-Hard2、Ni-Hard3、Ni-Hard4四种。

1.5.1 镍硬白口铸铁的化学成分

在表1-20~表1-23中列出了国际镍公司和各国常用的镍硬白口铸铁的化学成分。

表1-20 国际镍公司镍硬白口铸铁的化学成分

牌号	化学成分(质量分数,%)							
	C	Si	Mn	S	P	Ni	Cr	Mo
Ni-Hard1	3.0~3.6	0.3~0.5	0.3~0.7	≤0.15	≤0.30	3.3~4.8	1.5~2.6	0~0.4
Ni-Hard2	≤2.9	0.3~0.5	0.3~0.7	≤0.15	≤0.30	3.3~5.0	1.4~2.4	0~0.4
Ni-Hard3	1.0~1.6	0.4~0.7	0.4~0.7	≤0.05	≤0.05	4.0~4.75	1.4~1.8	
Ni-Hard4	2.6~3.2	1.8~2.0	0.4~0.6	≤0.10	≤0.06	5.0~6.5	8.0~9.0	0~0.4

表1-21 美国镍硬白口铸铁的化学成分

牌号	化学成分(质量分数,%)								备注
	C	Mn	Si	Ni	Cr	Mo	P	S	
Ni-Cr-HC	2.8~3.6	≤2.0	≤0.8	3.3~5.0	1.4~4.0	≤1.0	≤0.30	≤0.15	
Ni-Cr-LC	2.4~3.0	≤2.0	≤0.8	3.3~5.0	1.4~4.0	≤1.0	≤0.30	≤0.15	
Ni-Cr-GB	2.5~3.7	≤2.0	≤0.8	≤4.0	1.0~2.5	≤1.0	≤0.30	≤0.15	磨球
Ni-Hi-Cr	2.5~3.6	≤2.0	≤2.0	4.5~7.0	7~11	≤1.5	≤0.10	≤0.15	

表1-22 德国镍硬白口铸铁的化学成分

牌号	化学成分(质量分数,%)							
	C	Si	Mn	P	S	Ni	Cr	Mo
Ni-Hard1	3.0~3.6	0.4~0.8	0.3~1.0	≤0.3	≤0.15	3.3~3.8	1.5~2.6	0~0.40
Ni-Hard2	≤2.9	0.4~0.8	0.3~1.0	≤0.3	≤0.15	3.3~3.8	1.5~2.6	0~0.40
Ni-Hard4	2.6~3.2	1.8~2.0	0.3~0.6			5.0~6.0	8.0~9.0	

Ni-Hard1和Ni-Hard2属于同一类型，除了碳含量不同以外，其他成分基本相同。前者碳含量高于后者，因而前者组织中的共晶碳化物含量多于后者，其硬度前者约高于后者2~3HRC。由于两种材料的共晶碳化物连续网状分布，铸态韧性较低，不宜铸态使用，多数在260~320℃经较长时间回火，使残留奥氏体向下贝氏体转化，以提高材料强

韧性。回火后材料强度和抗冲击能力可增加 50%～80%，耐磨性明显提高。经 16h 275℃回火的“优质镍硬铸铁”（Premiurn Ni-hard），在组织中马氏体的含量较 Ni-Hard1 和 Ni-Hard2 明显增加，残留奥氏体含量减少。Ni-Hard3 碳含量较低，合金用量如镍铬相对较低，其生产成本比 Ni-Hard4 低。

表 1-23　英国镍硬白口铸铁的化学成分

组别	化学成分(质量分数,%)								硬度 HBW
	C	Si	Mn	Ni	Cr	Mo	P	S	
2A	2.7～3.2	0.3～0.8	0.2～0.8	3.3～5.5	1.2～2.5	≤0.5	≤0.30	≤0.15	>500
2B	3.2～3.6	0.3～0.8	0.2～0.8	3.3～5.5	1.2～2.5	≤0.5	≤0.30	≤0.15	>550
2C	2.4～2.8	1.5～2.2	0.2～0.8	4.0～6.0	8.0～10	≤0.5	≤0.30	≤0.15	>500
2D	2.8～3.2	1.5～2.2	0.2～0.8	3.3～5.5	1.2～2.5	≤0.5	≤0.30	≤0.15	>550
2E	3.2～3.6	1.5～2.2	0.2～0.8	3.3～5.5	1.2～2.5	≤0.5	≤0.30	≤0.15	>600

镍硬白口铸铁中的碳直接影响着硬质相的形成，通常高碳镍硬白口铁硬度高、耐磨性好，却韧性差，而低碳镍硬白口铁则相反。

镍硬白口铸铁中除 Ni-Hard4 硅含量较高外其他的硅含量都较低。在 Ni-Hard4 中含有较高的镍（质量分数为 5.0%～7.0%）、铬（质量分数为 7.0%～11.0%）、硅（质量分数为 1.6%～2.2%）。较高硅含量能有效提高共晶反应时的铬碳化，促使形成 $(Fe,Cr)_7C_3$ 型共晶碳化物，且使马氏体转变温度 *Ms* 上升，有利于获得马氏体基体，但会使淬透性降低。

镍硬白口铸铁中的铬，能够促使碳化物形成，并提高碳化物硬度。当 Ni-Hard4 中铬与碳、硅匹配相适宜时，由于硅与铁的亲和力大于铬与铁的亲和力，硅有效地置换铬，明显提高共晶反应时的铬碳比，使大多数共晶碳化物成为 $(Fe,Cr)_7C_3$ 型，为提高 Ni-Hard4 耐磨性和冲击韧度创造良好条件。

镍硬白口铸铁中的镍，主要溶于金属基体中，能有效提高淬透性，促使马氏体或贝氏体基体形成。

此外，生产厚壁铸件时，在镍硬白口铸铁中加入适宜钼等元素提高淬透性是十分必要的。

1.5.2　镍硬白口铸铁的力学性能

在表 1-24 和表 1-25 中列出了镍硬白口铸铁的力学性能。

镍硬白口铸铁，由于既具有良好的耐磨性和耐蚀性，尤其是 Ni-Hard4，同时具有良好强韧性的特点，它既可用于有一定冲击载荷的磨料磨损工况，也可用于湿态腐蚀磨损工况，尤其是呈碱性的腐蚀磨损工况。其典型铸件为小型锤头、复合锤头、板锤、杂质泵过流部件、造纸磨片、立磨所用的辊套和衬瓦等。由于其生产成本较高、耐磨性有时不如高铬铸铁优越等原因，我国目前很少用于生产上。

表 1-24　镍硬白口铸铁的力学性能（一）

类型	铸造方法	硬度 HRC	抗弯强度/MPa	挠度/mm	抗拉强度/MPa	弹性模量/(kN/mm^2)	冲击吸收能量[①]/J
Ni-Hard1	砂型铸造	53	585~730	2.0~2.8	276~345	165~170	27.1~40.7
	金属型铸造	56	658~994	2.0~3.0	345~414	165~179	23.9~54.2
Ni-Hard2	砂型铸造	53	658~804	2.5~3.0	310~379	165~179	27.1~47.5
	金属型铸造	56	804~1023	2.5~3.0	413~517	165~179	47.5~74.6
Ni-Hard3	砂型铸造	53					
	金属型铸造	56					
Ni-Hard4	砂型铸造	53	730~877	2.0~2.8	517~586	165~179	47.5~61.0
	金属型铸造	53	804~1023	2.5~3.8	552~758	165~179	47.5~61.0

① 采用 ϕ30.5mm 无缺口试样，标距为 75mm。

表 1-25　镍硬白口铸铁的力学性能（二）

种类	铸型	力学性能				
		硬度 HRC	挠度/mm	抗拉强度/MPa	弹性模量/MPa	艾氏冲击吸收能量/J
Ni-Hard1	砂型	53~61	2.0~2.8	280~350	169000~183000	28~41
	金属型	56~64	2.0~3.0	350~420	169000~183000	35~55
Ni-Hard2	砂型	52~59	2.5~3.0	320~390	169000~183000	28~41
	金属型	55~62	2.5~3.0	420~530	169000~183000	48~76
Ni-Hard4	砂型	53~63	2.5~3.0	320~390	169000~183000	28~41
	金属型	56~64	2.5~2.8			48~76

1.6　钒白口铸铁

从 Fe-C-V 系合金相图可知，随着钒含量的增加，共晶组织按奥氏体+石墨→奥氏体+石墨+渗碳体→奥氏体+渗碳体→奥氏体+渗碳体+钒碳化物→奥氏体+钒碳化物顺序转变。

当 $w(V)$ 大于 6.5%，$w(C)$ 为 2.6%~2.8%时，能形成奥氏体+钒碳化物（VC）共晶组织，即碳和钒含量有下列关系时能得到 VC 共晶碳化物：

$$w(V) \geqslant 4.5w(C) - 5.3\%$$

VC 碳化物硬度高（2200~2600HV），尺寸小且呈现孤立状、分布均匀，割裂基体的作用小于其他抗磨白口铸铁，具有良好强韧性和耐磨性，但由于生产成本较高目前很少使用。在表 1-26 中列出了钒白口铸铁化学成分。

作者曾用钒白口铸铁，在锤头上做过试验（锤头重量 20~45g/个，破碎水泥熟料），其结果表明钒白口铸铁锤头的使用寿命比 $w(Cr)=18.0\%$的高铬白口铸铁还好，其成分和力学性能见表 1-27。

表 1-26 钒白口铸铁化学成分

序号	化学成分(质量分数,%)								
	C	Si	Mn	V	Cu	Mo	Cr	W	Ti
1	1.96~2.38		4.53~17.34	5.90~7.00					
2	1.7~3.3	0.5~2.5	<0.7	3.0~10.0	<0.15		8~10		
3	2.2~2.8	0.6~0.7	0.4~0.6	6.7	1.0~1.3				
4	2.4~3.5	0.65	0.72	9.85~10.40			0.1~1.2		
5	2.85	0.73	1.02	5.8		0.12	1.8		0.02
6	2.5~4.5	0.5~2.5	0.4~1.5	<6.0				<10	<2.0
7	2.2~2.8	0.4~0.7	0.7~0.8	6.0		0.5~1.5	2.0~4.0		
8	2.2~2.5	0.3~0.34	0.42~0.44	3.3~4.25					
9	2.4~2.5	0.33~0.37	0.29	4.2	1.0	1.0			

注：部分数据来自参考文献。

表 1-27 高钒铸铁锤头成分及力学性能

化学成分(质量分数,%)								硬度	冲击韧度
C	Si	Mn	Cr	V	Mo	Ni	Cu	HRC	a_K/(J/cm²)
3.2~3.3	1.1~1.3	0.8~1.3	9~11	7~9	0.4~0.6	0.4~0.6	0.4~0.5	铸态 60	铸态 8.8
* 另含有 0.003% B、0.01% Ti、0.01% V、0.03%~0.035% RE；(亚临界处理)(480~560℃)×5h 后,硬度为 62.0~63.0HRC,冲击韧度 a_K 为 10.0~12.0J/cm²									

1.7 锰白口铸铁

从 Fe-C-Mn 三元系液相面投影图可知，锰白口铸铁是以锰为主要合金元素，其共晶碳化物是以铁和锰为骨架的白口铸铁。其化学成分（质量分数）范围为 C 2.4%~3.6%、Si 0.6%~1.3%、Mn 2.0%~8.0%、P 与 S<0.1%。有时根据铸件结构特点和铸造方式以及工艺不同，添加钼、铬、铜等辅助合金元素和硼、钛、钒、稀土等微量合金元素，进行低合金化或微合金化，改变共晶碳化物和奥氏体转变产物的特性。

锰白口铸铁中的共晶碳化物呈莱氏体形态或呈离异状态存在于组织中，多数以网状分布包围着初生和共晶奥氏体转变产物。

当共晶碳化物数量较少时，部分共晶碳化物被基体组织分割呈断网。由于锰的作用锰白口铸铁易产生马氏体，并伴随有较多的残留奥氏体。

有研究表明，化学成分（质量分数）为 C 3.2%、Si 0.5%、Mn 0.75%~4.7%、Cu 0.5%、Mo 0.2%的合金白口铸铁中，锰含量较低的合金经喷雾（水）冷却后形成马氏体和珠光体基体组织，随着锰含量的增加 *Ms* 点下降，保留到室温的奥氏体逐渐增多，奥氏体与马氏体的比值逐渐提高，硬度逐渐下降。其试验结果十分符合 C. Henin 所提出的马氏体白口铸铁 *Ms* 点与化学成分之间存在的关系：

$$Ms = 500℃ - 300℃ \times w(\mathrm{C}) - 33℃ \times w(\mathrm{Mn}) - 22℃ \times w(\mathrm{Cr}) - 17℃ \times w(\mathrm{Ni}) - 11℃ \times w(\mathrm{Si}) - 11℃ \times w(\mathrm{Mo})$$

当锰白口铸件加热到 *Ms* 以上适宜温度时，马氏体发生回火转变，奥氏体中的碳和锰向外扩散。*Ms* 上升，冷却时可能形成更多的马氏体，同时残留奥氏体也分解产生贝氏体或马氏体组织，材料硬度明显增加（二次硬化所致），但回火温度若超过 500℃，铸件硬度将下降。

与其他抗磨白口铸铁一样，共晶碳化物形态和分布对锰白口铸铁耐磨性和韧性有很大影响。通过成分优化设计、采用适宜生产工艺（如孕育+变质工艺）、加快凝固冷却速率、采用低温快速平稳充型浇注工艺、振动结晶、悬浮铸造等措施，可以细化共晶碳化物，改善其形状和分布，提高锰白口铸铁的韧性和耐磨性。

锰白口铸铁由于韧性比铬系白口铸铁差，使用过程中在冲击载荷的作用下，铸件表面易发生剥落或脆性断裂，不适合在冲击载荷较大的工况领域使用。经适宜热处理过的锰白口铸铁，比普通白口铸铁有更优越的性能，可以用于低应力磨料磨损领域。

在锰的质量分数为 3.0%～5.0%，碳的质量分数为 2.2%～3.2%的锰白口铸铁中，加入质量分数为 6.0%～8.0%铬时，铸态下可获得近似于镍硬白口铸铁的共晶碳化物和马氏体及残留奥氏体组织，铸态硬度 54～56HRC，冲击韧度接近镍硬白口铸铁。经适宜热处理后，该材料具有良好的耐磨性和中等程度的抗冲击能力。A. K. Patwardhan 等人对化学成分（质量分数）为 Cr 7.0%、C 3.0%、Mn 0.6%～6.0%的白口铸铁的研究结果也证实了这一点。

1.8　钨白口铸铁

钨白口铸铁中钨的质量分数一般控制在 6.0%～16.0%，碳的质量分数控制在 2.0%～3.0%，铬的质量分数控制在 4.0%～10.0%。钨白口铸铁的硬度较高一般都在 60HRC 左右，但碳化物对基体割裂较严重，因而冲击韧度较差，冲击值一般只有 3J/cm^2 左右，与低铬白口铸铁相当。

从 Fe-C-W 三元合金液相面投影图可以看到，碳的质量分数在 2.0%～3.0%时，随着钨含量的变化，可能出现三种类型初生和共晶碳化物，即 M_3C、MC、M_6C。M_3C 共晶碳化物中主要元素为钨、铁和碳，在亚共晶钨白口铸铁中分布在晶界并呈网状。MC 型共晶碳化物具有密排六方点阵结构，是硬度很高的碳化物（2400～2700HV）。M_6C 是硬度很高的三元碳化物，其中钨和铁的成分有所不同，其比例也不同，常见的分子式为 Fe_3W_3C、Fe_2W_4C。

含铬钨白口铸铁，在较高或中温等温保温时，还出现 $M_{23}C_6$ 碳化物。随着钨和碳含量的提高，块状初生碳化物出现于组织中（过共晶）。钨除形成碳化物外，部分固溶于基体，可强化基体、显著提高硬度和耐蚀性。

由于钨白口铸铁耐腐蚀性优异、抗冲蚀磨损性能较好，曾较多被应用于杂质泵过流部件、混凝土搅拌机铲片和衬板等要求耐蚀性和抗冲蚀性较高的铸件上。但由于生产成本较高、韧性低、钨又是战略性物资等原因，钨白口铸铁已很少用于实际生产。

第2章　抗磨白口铸铁的组织与形成及合金元素的影响

本章以应用范围最广泛的高铬白口铸铁为例，探讨和论述抗磨白口铸铁相关组织与形成及其合金元素的影响。

高铬白口铸铁凝固组织和共晶组织特性，对高铬白口铸铁的力学性能及使用性能有显著的影响。高铬白口铸铁的凝固组织和共晶组织特性包括了基体组织的物化特性（指主要元素含量、组织结构及晶粒度、显微硬度等）和共晶碳化物特性（指碳化物含量、尺寸大小、形状与分布及间距等）。了解和掌握这些组织的形成条件和形成过程，并有效地控制其影响因素是十分重要的。只有这样才能根据高铬白口铸件所服役工况环境和磨损特点，正确选择抗磨白口铸铁的材料、相关工艺及生产技术，才能获得具有最佳的基体组织和理想的共晶碳化物的高铬白口铸铁。

2.1　高铬白口铸铁的基体组织

高铬白口铸铁常见的基体组织有珠光体基体、奥氏体基体、马氏体+奥氏体混合基体、马氏体基体、贝氏体基体等，有时候也会出现贝氏体+马氏体混合基体、贝氏体+奥氏体混合基体，值得指出的是，上述的基体组织中，除了单一奥氏体基体外，根据所采用的热处理工艺和铸件结构不同，在基体组织中或多或少地都会含有残留奥氏体和二次碳化物。

根据铸件服役环境和磨损特性，合理选择并严格控制高铬白口铸铁基体组织是至关重要的，因为无论是在磨料磨损，还是在腐蚀磨损和冲蚀磨损及冲刷磨损中，基体组织既要保护抗磨相——共晶碳化物，又要保护自身。然而高铬白口铸铁的基体组织，无论在磨料磨损，还是在腐蚀磨损和冲蚀磨损及冲刷磨损中，其耐磨性和耐蚀性都远不如抗磨相——共晶碳化物，因此基体组织的失效进程远大于抗磨相。图2-1所示的高铬白口铸铁磨损面显微组织形貌特征更加证实了这一事实，随着基体组织失效磨损面基体组织区域呈现凹坑，而抗磨相呈现凸状，基体组织失去保护抗磨相的能力，从而导致硬而脆的凸状共晶碳化物的裂纹萌生—扩展—断裂—剥落，从而加速铸件

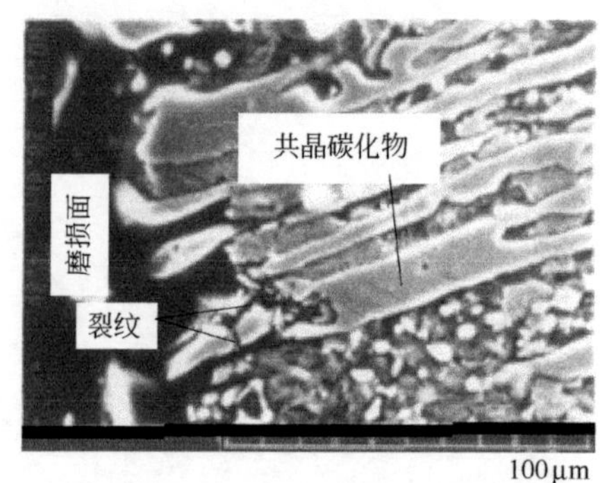

图2-1　高铬铸铁磨损面形貌

失效的进程。

不难看出，根据高铬白口铸件的服役环境和磨损特点，正确合理地选择高铬白口铸铁基体组织，是提高高铬白口铸件使用寿命的首要环节，例如，是选择耐磨性优异的马氏体基体组织，还是选择耐腐蚀磨损性能优异的马氏体+奥氏体混合基体组织，或是选择耐蚀性和耐热性能优异的奥氏体基体组织等。

2.1.1　珠光体基体

珠光体基体高铬白口铸铁的硬度小于 42HRC，一般经软化热处理后（退火处理）便可获得。获得这种基体组织的主要目的：一是为了铸件的机械加工，提供便于机械加工的低硬度铸件；二是为结构复杂、壁厚差较大的高铬白口铸件高温淬火工艺的安全实施，提供成分和基体组织均匀、低应力的理想状态铸件。

珠光体基体高铬白口铸铁通常不作为抗磨铸件使用，但低碳铬镍钼（质量分数为 C 1.2%~1.3%、Cr 17%）珠光体高铬白口铸铁，用于造纸机械所用的磨片时，在 pH=7~8 的弱碱性介质中，其使用效果良好，显示出铁素体+碳化物组成的珠光体既耐蚀又抗磨的特性。

2.1.2　奥氏体基体

奥氏体基体高铬白口铸铁的硬度一般小于 48HRC，多数用于耐蚀或耐热为主并兼有磨料磨损领域服役的各类铸件上，如造纸机械所用的磨片和磨针及耐酸泵的零部件等。奥氏体基体高铬白口铸铁可分为铸态奥氏体和热处理态奥氏体两种。

1. 铸态奥氏体

高铬白口铸铁中较高含量的碳、铬等元素部分溶解于奥氏体，为铸态奥氏体形成提供了基本的热力学条件。当铸件冷却速度快于共析转变及贝氏体转变的临界冷却速度，且马氏体开始转变温度（Ms）低于室温时，铸态奥氏体形成。在实际生产条件下要获得这种组织，还需采取必要的工艺措施，如加快凝固速度、添加能够有效改变奥氏体转变动力学性质的合金元素等，以增加并调整高铬白口铸铁基体中的碳和铬含量。需要指出的是，单一加快铸件的冷却速度，会导致结构复杂、壁厚不均铸件的裂纹产生，并不是十分理想的获得奥氏体的工艺措施。

众多研究结果表明，铬对奥氏体相变行为的影响是显著的，提高铬碳比，将使奥氏体中的铬浓度增加。铬一方面能延长奥氏体等温转变的孕育期，使奥氏体等温转变图向右移的同时，珠光体转变曲线移向较高温度，贝氏体转变区曲线移向较低温度，导致两条曲线分开；另一方面铬使 Ms 点和 Mf（马氏体转变终了温度）点下降，铬降低 Ms 点作用略高于碳和锰而接近于镍，而较高铬含量的高铬白口铸铁 Mf 点比 Ms 点下降更为迅速。碳的质量分数为 0.4%、铬的质量分数为 5.0%以上的高铬白口铸铁，Mf 点已降到室温之下。高铬白口铸铁凝固组织中的奥氏体，其碳含量、铬含量远超过上述合金浓度水平，奥氏体的稳定性比较高。如果高铬白口铸铁的铬碳比达到一定数值时，奥氏体可能完全保留到室温。铬碳比超过 7.2 时，在砂型中浇注的中等厚壁铸件，将获得全部奥氏体基体。在高铬白口铸铁中加入镍、锰、钼等合金元素，会有助于促进铸态奥氏体的生成。

图 2-2 所示的锰高铬白口铸铁（质量分数为 Mn 0.9%、C 1.6%、Cr 13.0%、Si 0.8%白口铸铁）的试样在 25～75mm 厚度的断面内均发生共析转变，呈现共析转变组织，当试样锰的质量分数增加至 2.26%时，奥氏体组织则全部保留至室温。

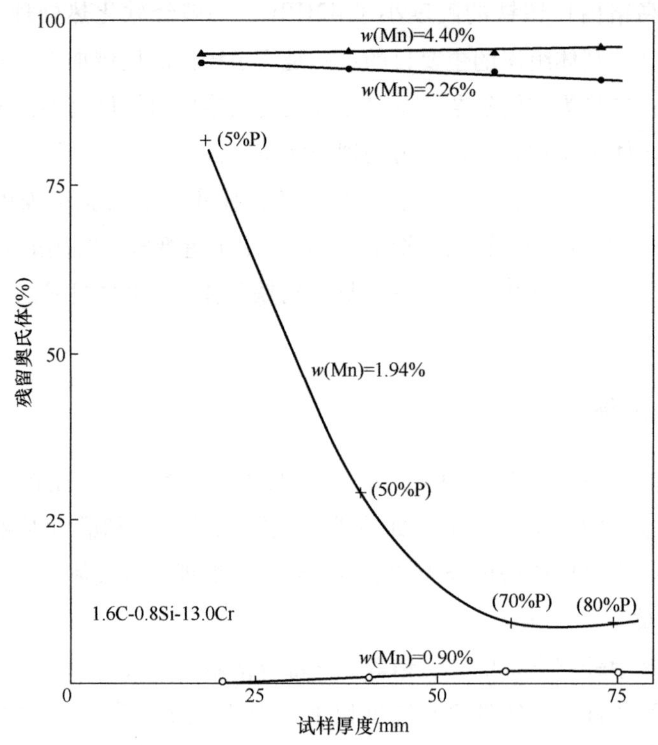

图 2-2　锰含量与冷却速度（当量与试样断面尺寸）对残留奥氏体的影响

研究结果表明，当铬碳比、钼含量一定时，随着锰含量的增加，铸态奥氏体含量随之增加。模拟金属型铸造冷却速度，铸造试样的锰的质量分数分别为 0.6%、1.7%、3.3%时，基体组织中奥氏体的体积分数分别为 39.8%、42.7%、95.6%。锰的质量分数为 0.6%的试样心部呈现近似于贝氏体组织，而锰的质量分数为 3.3%试样心部呈现奥氏体组织，在碳化物与基体界面上的低碳区域有少量马氏体形成。即便是试样中碳的质量分数高达 3.0%，锰的质量分数为 3.3%的高铬白口铸铁，也能得到铸态奥氏体基体组织。文献类似试验研究结果也基本一致。

不含钼的缓冷试样（模拟砂型铸造壁厚为 80mm 冷却速度）心部有大量共析反应产物出现，但是加入质量分数为 2.0%的钼、0.7%的铜后，试样心部可以获得铸态奥氏体组织。随着铬碳比的提高，获得铸态奥氏体所需要的锰含量可减少，锰、铬、碳的质量分数分别为 1.55%、17.1%、2.41%的高铬白口铸铁试样（铬碳比近 7.1），在快速冷却后便可获得铸态奥氏体组织。

F. Maratry 研究结果表明，为使砂型铸造不含钼的 ϕ25mm 高铬白口铸铁试样的奥氏体保留到室温，铬碳比应超过 7.2。然而，加钼可以降低所需要的铬碳比，加钼的质量分数为 1.0%、2.0%、3.0%时，铬碳比可以分别降低到 5.8、5.0、4.5。钼对提高奥氏体的稳定性、避免共析转变有显著作用。图 2-3 所示为铬碳比与钼含量对奥氏体含量的影响。

镍也是有利于高铬白口铸铁铸态获得奥氏体的合金元素，这与镍稳定奥氏体的作用有关，加入一定量的镍后（质量分数为 1.5%~2.0%），基体中奥氏体含量明显增加。镍是贵重合金元素，为了减少其用量，最好采用镍与铜同时加入方法，以提高奥氏体的稳定性

2. 热处理态奥氏体

高铬白口铸铁在铬含量较高、铬碳比高、并含有一定量的扩大奥氏体和稳定奥氏体的辅助元素（镍、钼、铜等）的条件下，通过高温固溶处理，采用提高碳和铬等元素浓度以及快速冷却工艺时（风冷+喷雾或适宜液体介质冷却），即可获得热处理态奥氏体基体（见图 2-4）。

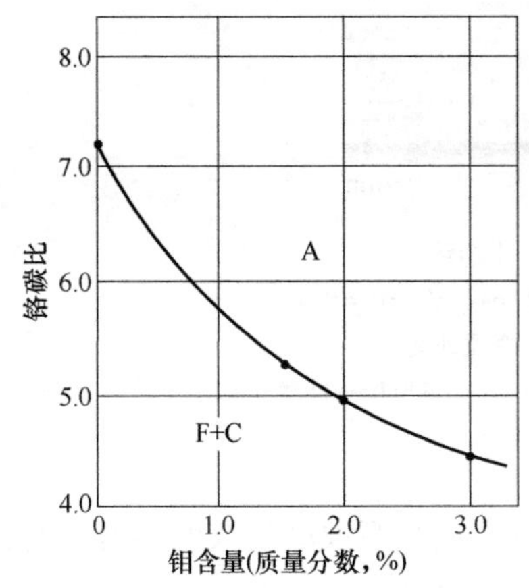

图 2-3　铬碳比与钼含量对奥氏体含量的影响

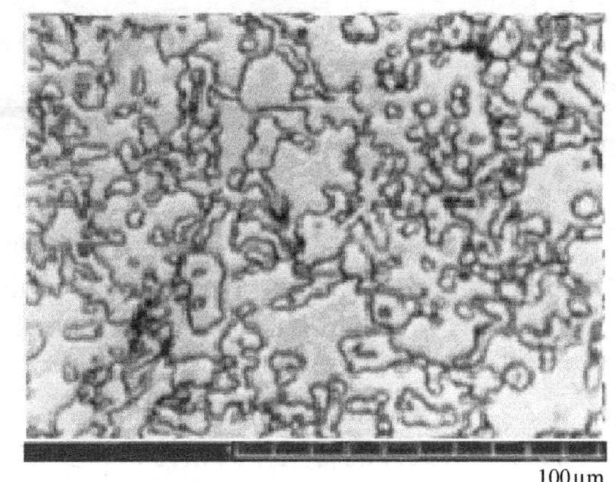

图 2-4　奥氏体基体组织

注：主要化学成分（质量分数）：C 3.04%、Cr 21.4%、Ni 0.63%、Mo 0.26%、铬碳比为 7.04 经一次（炉内）和二次（包内）孕育+变质处理；热处理：1060℃奥氏体化保温 1h→喷雾冷却至室温。

2.1.3　马氏体+奥氏体混合基体

马氏体+奥氏体混合基体的高铬白口铸铁，多数铬含量高、铬碳比高并含有一定量的扩大奥氏体区域和稳定奥氏体的辅助元素。这种马氏体+奥氏体的混合组织，由铸态奥氏体高铬白口铸铁，通过一定的成分调整和控制相应的冷却速度铸态获得。例如，根

据铸件服役的工况环境和磨损特点，通过适宜高温奥氏体化和脱稳处理，即高温充分奥氏体化，提高奥氏体中的碳和铬等稳定奥氏体化元素浓度，同时控制适宜冷却速度（空冷、风冷或风冷+喷雾）并控制适宜脱稳程度，便可以获得马氏体量多+奥氏体量少（56HRC 左右）或马氏体量和奥氏体量基本相等（53HRC 左右）或马氏体量少+奥氏体量多（48~50HRC）的混合基体组织。

马氏体+奥氏体的混合组织也可由铸态奥氏体高铬白口铸铁和热处理态奥氏体高铬铸铁，经适宜的高温淬火或亚临界热处理工艺获得。通过热处理，促使部分奥氏体中的碳、铬等稳定奥氏体元素析出，晶内形成二次碳化物，既降低其碳、铬等稳定奥氏体的元素浓度，又降低其稳定性，同时提高 *Ms* 点温度，为部分奥氏体向马氏体转变创造了有利条件，从而将获得马氏体+奥氏体混合基体组织（见图 2-5）。

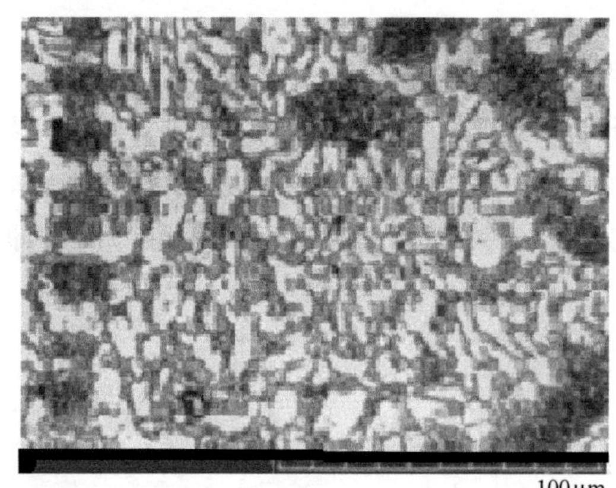

图 2-5　马氏体+奥氏体混合基体组织

注：1. 主要成分（质量分数）：C 3.01%、Cr 22.4%、铬碳比=7.44；
2. 经一次（炉内）和第二次（包内）孕育+变质处理；
3. 热处理：1030℃奥氏体化保温 1h→喷雾冷却至 430℃→自然空气冷却 260℃保温 1.5h 回火。

马氏体+奥氏体混合基体高铬铸铁，多数用于磨料磨损和腐蚀磨损或耐热磨料磨损领域服役的铸件上，如矿山用腐蚀泵件、管件、造纸机械所用的磨片和酒精、淀粉行业所用的磨片及磨针等铸件。

2.1.4　马氏体基体

马氏体基体高铬白口铸铁硬度在 58~63HRC。马氏体基体高铬铸铁多数用于磨料磨损为主耐蚀或耐热磨料磨损为辅的磨损领域服役的各类铸件，如立磨磨辊和衬瓦、板锤、锤头、衬板、磨球、磨段、杂质泵过流部件等。

就马氏体高铬白口铸铁而言，不宜过分追求高铬白口铸件的宏观硬度（脆性增加），而是要积极地考虑怎样才能有效提高基体组织的显微硬度、强化基体、提高基体电极电位，并且调整易形成致密钝化膜元素的含量，例如碳、铬、硅、镍、铜等，以保证马氏体高铬白口铸铁的耐磨性和耐蚀性，弥补基体组织与共晶碳化物件之间的耐磨性或耐蚀性的差距，从而提高基体组织保护抗磨相又保护自身的能力，降低高铬白口铸件失效进程，延长高铬白口铸件的服役寿命。

马氏体基体高铬白口铸铁可分为铸态马氏体和热处理态马氏体两种。

1. 铸态马氏体

由于高铬铸铁中的碳、铬含量较高，还含有一定量的辅助元素，铸态所形成的马氏体多数呈现板条状、针状或隐针状。获得铸态马氏体组织要求：一是铸件冷却速率应高于珠光体转变和贝氏体转变的临界冷速，二是在连续冷却条件下 50%的马氏体转变温度至少应高于室温。

马氏体的转变温度与奥氏体中的碳和铬等元素浓度有着密切关系。如质量分数为 C 3.0%、Cr 15%的高铬铸铁的 *Ms* 点与碳、铬含量之间有如下关系：

$$Ms(℃)=550-350w(\mathrm{C})_A-20w(\mathrm{Cr})_A$$

式中，$w(\mathrm{C})_A$ 和 $w(\mathrm{Cr})_A$ 分别为奥氏体中碳和铬的质量分数。

从上述公式中可以看出，奥氏体中的碳和铬含量的增加都将降低 *Ms* 点，而相比铬，碳含量的变化对 *Ms* 点影响更大。这说明奥氏体中的碳和铬含量过大，铸态难以形成马氏体。因此为了获得铸态马氏体组织，必须采取适当措施降低奥氏体内的碳和铬含量。

研究和生产实践表明，高铬白口铸铁中添加适宜的合金元素后，铸件在铸型中连续冷却条件下可能获得铸态马氏体组织（硬度 780~840HV）。J. M. Beyeza 和文献研究结果表明，在高铬白口铸铁中，加入质量分数为 4.0%的钒（V）可以形成铸态马氏体组织，钒是强烈形成碳化物合金元素，与碳形成十分稳定的钒碳化物（VC），钒将明显降低奥氏体内的碳含量，同时提高共析转变温度，并大大降低临界冷却速度，这些都是促使铸态形成马氏体的有利因素。钒在平衡状态下凝固时平衡分配系数较低（约 0.5），合金中的钒仅有少量溶入奥氏体，因而需要在合金中加入较多的钒才能改变奥氏体的相变性质。

为了促使铸态马氏体形成，含钒高铬白口铸铁中加入适宜的钼等提高淬透性合金元素是十分必要的。需要指出的是，连续冷却过程中必然要经过贝氏体区域，铸态形成的马氏体组织中就会有一定数量的贝氏体组织出现，然而在金相显微镜下却很难分辨出来。

铸态马氏体高铬白口铸铁的硬度较高（59~63HRC），具有良好的耐磨性。这种铸态马氏体铸件，只经过回火处理消除铸造应力即可使用，因减少了高能耗高温淬火工艺，热处理成本可以大幅度降低。然而，由于马氏体的转变均在铸造过程中发生，组织相变应力和铸造应力综合发生作用，易使铸件开裂，因此在生产中应采取适宜工艺措施，以防铸件产生裂纹。

铸态马氏体高铬白口铸铁，通过适宜的合金化（加钒钼等元素），可以使合金的 *Ms*

点温度和 *Mf* 点温度提高到高于室温时，从而得到铸态马氏体基体组织。

2. 热处理态马氏体

铬含量较高、铬碳比高、含有一定量的辅助元素的高铬白口铸铁，通过控制适宜的奥氏体化温度、控制适宜脱稳过程和程度、控制适宜冷却速度，使合金的 *Ms* 点温度和 *Mf* 点温度提高到室温以上，并在 *Ms* 与 *Mf* 温度范围内冷却较慢时，或在 *Ms* 与 *Mf* 温度范围内等温淬火时，可以得到马氏体基体组织。图 2-6a、b 分别表示高铬铸铁（质量分数为碳 2.4%，铬 20.2%，钼 1.52%）脱稳处理前后的奥氏体等温转变图。

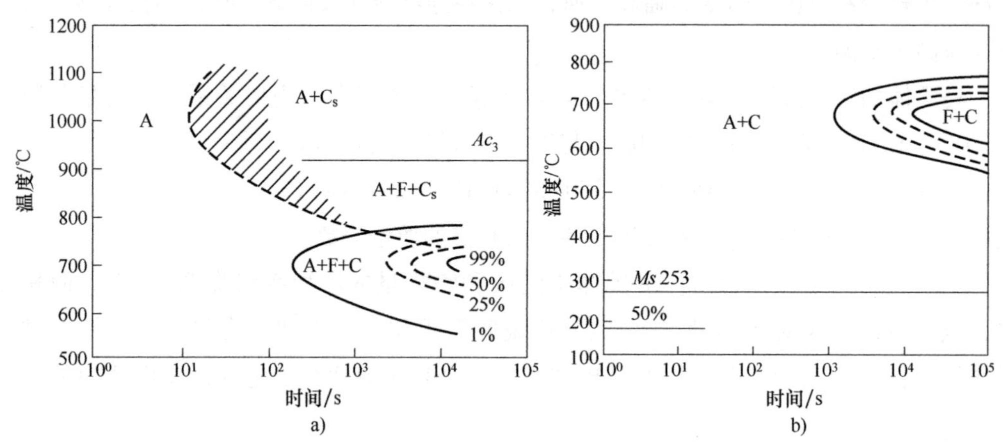

图 2-6　高铬铸铁脱稳处理前后的奥氏体等温转变图

a）脱稳处理前　b）脱稳处理后

从图 2-6 不难看出，经脱稳处理后，由于奥氏体中的碳、铬浓度变化，珠光体等温转变的最短孕育期，由脱稳处理前的 200s 延长到 1000s 左右，说明脱稳处理有效地降低了避免珠光体转变的临界冷却速度。同时合金的 *Ms* 点提高到 253℃，马氏体转变 50% 温度提高到 165℃左右。

高铬白口铸铁经适宜的奥氏体化后，根据铸件结构通过空冷、风冷或喷雾等适宜脱稳处理可获得以马氏体为主的基体组织。也可由铸态马氏体+奥氏体混合基体高铬白口铸铁和热处理态马氏体+奥氏体混合基体高铬白口铸铁，获得马氏体基体组织。经适宜的亚临界热处理工艺，有效地降低了奥氏体中的碳、铬等稳定奥氏体的元素浓度（晶内析出二次碳化物），降低其稳定性，提高 *Ms* 点温度，促使奥氏体向马氏体转变，便获得马氏体基体组织。

铬含量相对较低（质量分数为 12.0%）、铬碳比较低（约 4）的高铬白口铸铁，高温奥氏体稳定性不太高、淬透性较差，然而在冷却速度大于空气的液体淬火介质中（淬火油或精细化工介质等）淬火时，也能获得马氏体基体组织，但这种工艺只适合结构十分简单的铸件。

2.1.5　贝氏体基体

贝氏体基体高铬白口铸铁，可分为上贝氏体和下贝氏体两种。

铬含量适宜（Cr 的质量分数>15.0%）、铬碳比适宜（>5）、含有一定量的辅助元素的高铬白口铸铁，通过控制适宜的奥氏体化温度，经过一定时间保温，在贝氏体转变区域温度范围内进行盐浴等温淬火时，可以获得贝氏体基体组织。在上贝氏体转变区域温度等温淬火时，将获得上贝氏体基体组织；在下贝氏体转变区域温度等温淬火时，将获得下贝氏体基体组织。

经等温淬火的贝氏体高铬白口铸铁组织中，由于常含有一定量的奥氏体组织，因此其韧性比马氏体、马氏体+奥氏体基体的高铬白口铸铁都高，尤其是上贝氏体高铬白口铸铁，冲击吸收能量可达 12J，硬度>52HRC。

贝氏体基体高铬白口铸铁多数用于磨料磨损为主伴有耐蚀或耐热的工况，并受冲击载荷较大的磨损领域服役的各类铸件上。盐浴等温淬火工艺成本较高，简易盐浴等温淬火设备难以保持盐浴用盐的清洁度因而难以稳定等温淬火铸件的质量，因此，盐浴等温淬火工艺生产贝氏体基体高铬白口铸铁很少采用。

2.2　高铬白口铸铁的凝固组织与共晶组织

以铬为主要合金元素的高铬白口铸铁凝固组织，是指高铬白口铸铁凝固开始至共晶反应结束时所形成的组织。

借助图 2-7 所示的 Fe-C-Cr 三元系中碳含量小于 14.0%的合金液相面投影图，可以预测和探讨不同成分的高铬白口铸铁凝固组织。

由 Fe-C-Cr 三元系液相面投影图，可以看出 Fe-C-Cr 三元系中几个四相平衡组织的类型和与之相关的三相平衡条件，从而找出各种成分的合金凝固后产生的组织。

图 2-7 标出了 4 个三相平衡包晶转变点 p_1、p_2、p_3、p_4，2 个三相平衡共晶转变点 e_1、e_2，5 个四相平衡包晶转变点 U_1、U_2、U_3、U_4、U_5，1 个四相平衡包晶转变点 P_1。

图 2-8 是 R. S. Jackson 更早些时候提出的 Fe-C-Cr 合金介稳定系液相面投影图。

亚共晶高铬白口铸铁凝固后，将产生以初生奥氏体为初生相，共晶奥氏体和共晶碳化物为共晶相的亚共晶凝固组织。

根据合金成分的差异可呈现不同组织含量和不同成分的共晶组织，共晶碳化物尺寸、形状和分布也有所不同。

当碳的质量分数在 3.0%~4.2%时，Fe-C-Cr 三元合金中共晶相的碳和铬含量关系见表 2-1。

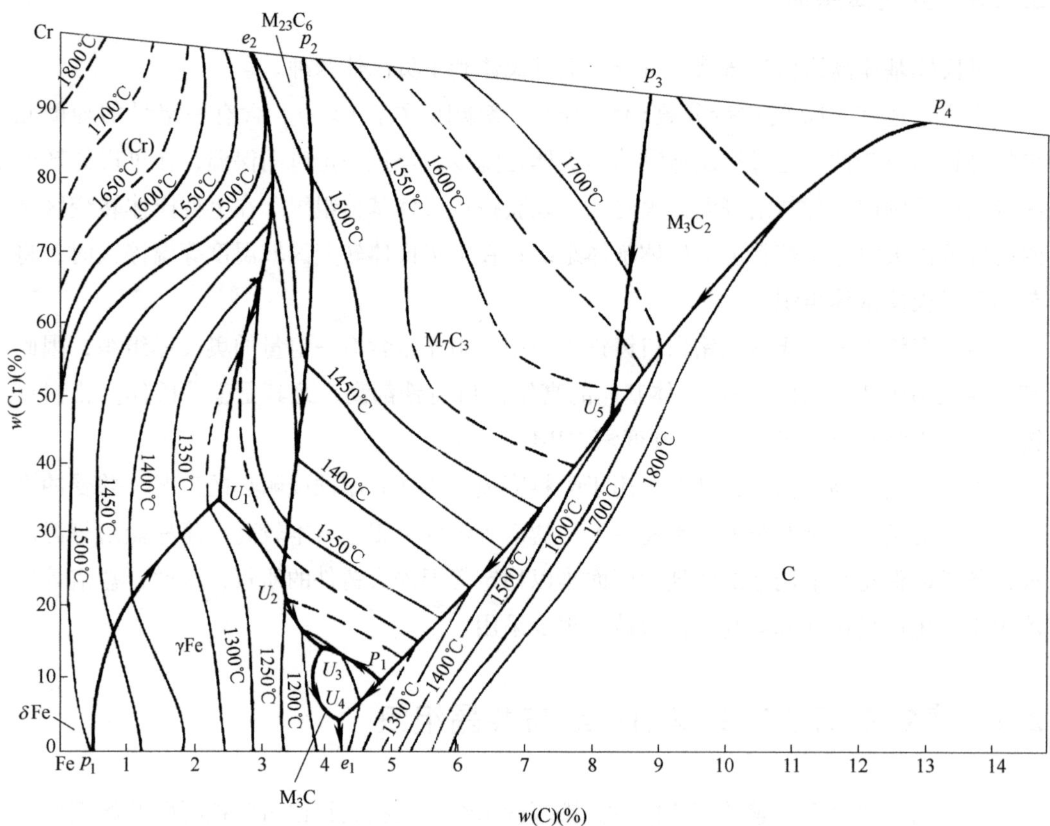

图 2-7　Fe-C-Cr 三元系液相面投影图

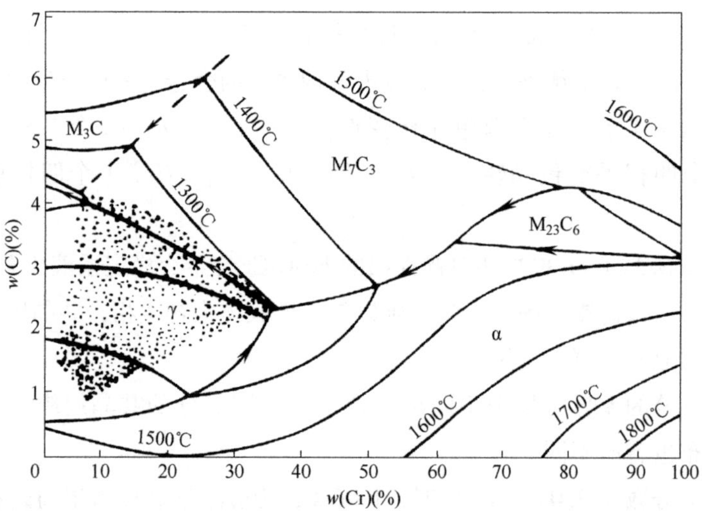

图 2-8　Fe-C-Cr 合金介稳定系液相面投影图

表 2-1　Fe-C-Cr 三元合金中共晶相的碳和铬含量关系

碳的质量分数(%)	铬的质量分数(%)	碳的质量分数(%)	铬的质量分数(%)
4.2	2	3.2	20
3.8	8	3.1	24
3.6	15	3.0	25
3.5	17		

共晶碳化物的结构和尺寸、形状和分布也与成分有着密切关系：当合金中铬的质量分数大于 11.0%且铬碳比>4 时，共晶碳化物就呈现 100%的 M_7C_3 型，随着铬碳比的提高，M_7C_3 型碳化物（过共晶时）将会被 $M_{23}C_6$ 型初生碳化物所取代。

合金成分越接近共晶反应投影线（越接近共晶点），初生相组织就越少，共晶相在凝固组织中所占的比例就越高，反之则相反。

对于亚共晶高铬白口铸铁而言，共晶碳化物的形态和分布取决于初生奥氏体数量和特性。如高铬白口铸铁中的碳、铬成分远离共晶成分，初生奥氏体成长发育充分，在凝固组织中几乎看不到典型共晶混合组织（共晶碳化物+共晶奥氏体的混合物），共晶碳化物只沿晶界生长。这是因为共晶生长过程中，共晶奥氏体在共晶碳化物上形核生长的倾向已被共晶奥氏体依附初生奥氏体生长的倾向代替所致。在共晶成分附近，初生相初生奥氏体数量极少，共晶生长不再受到初生相初生奥氏体的干扰，共晶组织呈现典型共晶混合物，即共晶奥氏体+共晶碳化物。

高铬白口铸铁的共晶凝固温度范围，是影响共晶组织特征的重要因素。共晶团尺寸、共晶碳化物尺寸和间隔，均与共晶凝固温度范围有着密切关联。共晶凝固温度范围，是指共晶相开始析出的温度和共晶反应结束温度之差。在此温度范围内要发生领先相共晶奥氏体的生核成长以及共晶奥氏体和共晶碳化物两相同时生长的过程。

文献指出，铬的质量分数为 6.0%～50.0%的铬白口铸铁的共晶温度范围，随铬含量而变化。铬的质量分数为 6.0%～11.0%的合金共晶团，主要由渗碳体型碳化物与奥氏体组成，共晶反应温度较低，共晶凝固温度范围为 20～25℃，此后随铬含量的增加，共晶反应温度上升。铬含量 15.0%的合金共晶凝固温度范围约 65℃，在高铬白口铸铁中最宽，共晶团由 M_7C_3 型碳化物与奥氏体组成。铬的质量分数为 30.0%合金共晶凝固温度范围则减少到约 21℃。

共晶凝固温度范围宽的合金，在相同的晶体成长条件下，固-液两相共存的时间必然要长，反之则相反。共晶团直径 D_E 与共晶凝固温度范围 ΔT_E 如下列公式所示：

$$D_E = 1.68\times10^{-3}\Delta T_E$$

式中，D_E 是共晶团直径（cm）。

这种关系与树枝晶尺寸正比于凝固时间平方根的研究结果颇为相似。减少共晶凝固温度范围，可以有效地减少共晶碳化物的间距，使共晶碳化物细化，对于提高高铬白口铸铁的力学性能十分有利。共晶团直径与共晶碳化物间距也受凝固速率、合金铬含量的影响，冷却速度越快共晶团直径就越小，Y. Mastubara 等人用大量的实验数据回归出如下关系公式。

$$D_E = Av_E^{-0.72}$$

式中，D_E 为共晶团平均直径（μm）；A 为合金成分决定的正值常数，见表 2-2；v_E 为共晶凝固速率（cm/min）。

表 2-2　合金成分决定的正值常数 *A*

铬含量(质量分数,%)	A 值		
	亚共晶合金	共晶合金	过共晶合金
15	316	646	741
20	262	571	721
30	183	344	524
40	193	377	561

随着铬含量的增加，共晶团直径变小。铬的质量分数为30%时，共晶团直径达到最小值。当铬含量相同的情况下，过共晶合金的共晶团直径最大，其次是共晶合金、亚共晶合金。其原因在于亚共晶合金的初生固溶相结晶时，铬的分配系数较小（小于 1），达到共晶反应温度的溶液中铬的浓度增加，共晶凝固速率随之提高，共晶团直径就变小；而过共晶合金的共晶反应由较粗大的初生碳化物周边开始，自然其尺寸大于共晶合金和亚共晶合金。

文献研究了冷却速率对化学成分（质量分数）为 Cr 15.0%、C 2.5%、Mo 3.0%的高铬白口铸铁液相线温度及共晶反应开始温度的影响。表 2-3 给出了铁液温度在 1400℃的条件下，以不同冷却速率冷却所得到的液相线温度和共晶反应开始温度。

表 2-3　液相线温度及共晶反应开始温度

冷却速率/(℃/min)	液相线温度/℃	共晶转变开始温度/℃
50	1293	1210
25	1296	1219
10	1303	1231
5	1308	1236
2	1316	1241

表 2-3 中的数据说明，在非平衡条件下凝固时，随着铁液过冷度的提高，冷却速率加快（如激冷铸型、低温浇注等），液相线温度和共晶反应开始温度降低，凝固时形核生成条件改变，形核质点和密度有效增加，对于细化共晶组织将起到积极的作用。

2.3　高铬白口铸铁中的碳化物

在碳的质量分数为 2.0%~4.0%、铬的质量分数为 11.0%~25.0%的铬系白口铸铁凝固组织中，可以看到不同含量的 M_7C_3 型、$M_{23}C_6$ 型、M_3C 型（铬碳比<4 时）初生和共晶碳化物。这些碳化物都是硬度较高的硬质相，对高铬白口铸铁的耐磨性将起主导作用。图 2-9、图 2-10、图 2-11 分别列出了 Fe-C-Cr 合金不同温度下的等温截面图。

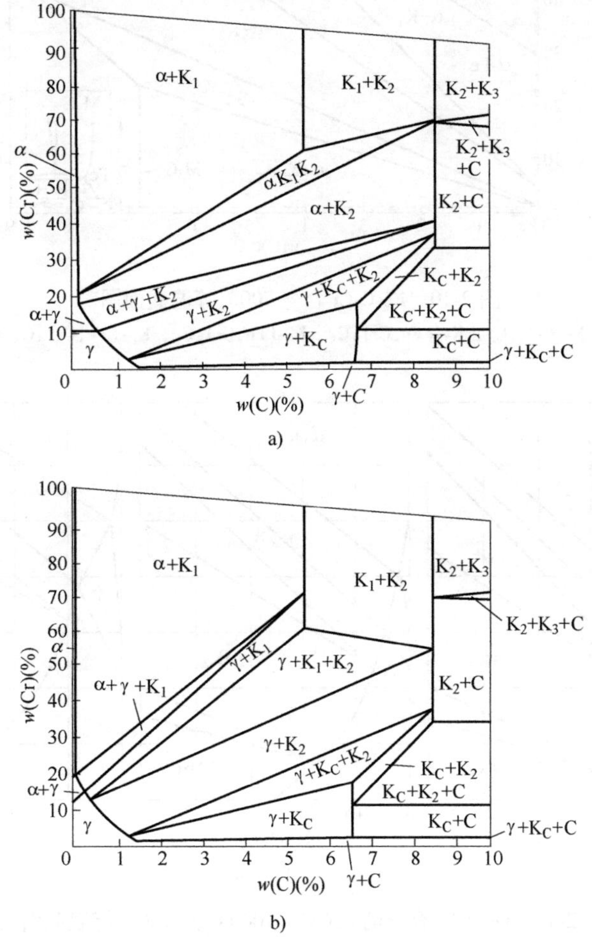

图 2-9　与图 2-7 及图 2-8 相对应的两种 Fe-C-Cr 合金 1000℃等温截面图

注：K_1-$(Fe,Cr)_{23}C_6$、K_2-$(Fe,Cr)_7C_3$、K_3-$(Fe,Cr)_3C_2$、K_C-$(Fe,Cr)_3C$、C-石墨。

从图 2-9、图 2-10、图 2-11 不难看出，碳化物类型与成分有关，更确切地说，与合金中的铬碳比有关。当合金中铬的质量分数小于 11.0%、铬碳比小于 4 时，组织中就出现 M_3C 型碳化物；随着铬碳比的增加，M_3C 型碳化物由 M_7C_3 型碳化物或 $M_{23}C_6$ 型碳化物（过共晶时）所取代。在等温截面图中将出现 K_1-$(Fe,Cr)_{23}C_6$、K_2-$(Fe,Cr)_7C_3$、K_3-$(Fe,Cr)_3C_2$、K_C-$(Fe,Cr)_3C$ 的单相区和多相区。

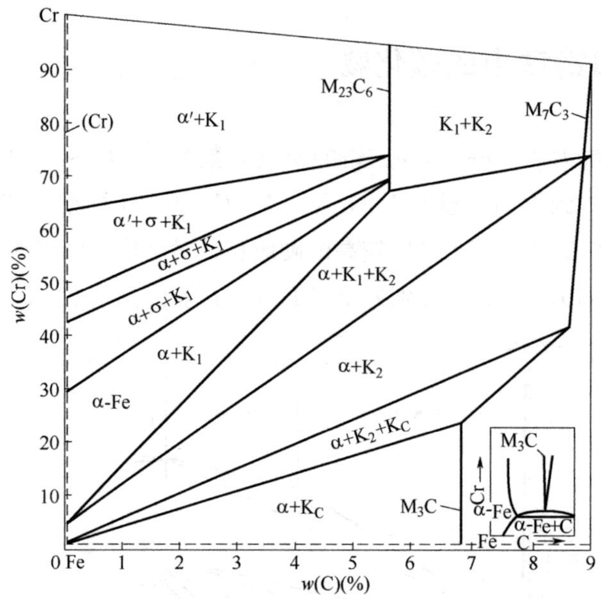

图 2-10 Fe-C-Cr 合金 700℃等温截面图

注：K_1-$(Fe,Cr)_{23}C_6$、K_2-$(Fe,Cr)_7C_3$、K_3-$(Fe,Cr)_3C_2$、K_C-$(Fe,Cr)_3C$、C-石墨。

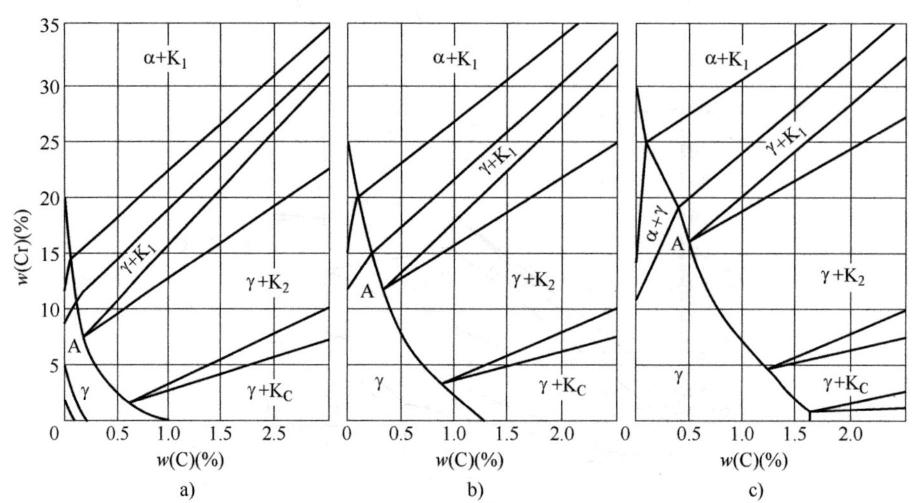

图 2-11 Fe-C-Cr 合金的 850℃、1000℃、1150℃等温截面图

a）850℃ b）1000℃ c）1150℃

高铬白口铸铁中的 $(Fe,Cr)_7C_3$，即 M_7C_3 型共晶碳化物正如文献所示，为一个六方点阵结构，每一个碳原子与相邻的六个铁原子相连。M_7C_3 中铬原子与 $(Fe,Cr)_7C_3M$ 中的铁原子排列方式很接近，铁原子与铬原子的尺寸也很接近，为铬原子大量取代铁原子形成 $(Fe,Cr)_7C_3$ 提供了条件。此外铬元素可以降低碳在奥氏体中的溶解度和化学位，使 $(Fe,Cr)_7C_3$ 成为稳定的化合物。

T. E. Norman 等提出 $(Fe,Cr)_7C_3$ 晶体结构有六方、斜方、三角点阵。他们所测定的点阵常数分别见表 2-4。

表 2-4　所测定的点阵常数

碳化物	晶体点阵类型	点阵常数/0.1nm	密度/(g/cm³)	硬度　HV
$(Fe,Cr)_7C_3$	六方	a=6.88 c=4.54	6.92	1200~1800
	斜方	a=4.54 b=6.88 c=11.94		
	三角	a=12.98 c=4.52		
$(Fe,Cr)_{23}C_6$	面心立方	a=10.64	6.97	1000~1100
$(Fe,Cr)_3C$	斜方	a=4.52 b=5.09 c=6.74	7.67	840~1100
$(Fe,Cr)_3C_2$	斜方	a=2.82 b=5.52 c=11.46	6.86	

高铬白口铸铁 $(Fe,Cr)_7C_3$ 型共晶碳化物中铬含量和碳含量随铬碳比的不同而变化。测定结果表明，在 $(Fe,Cr)_7C_3$ 中，铬的最低质量分数为 25.4%，碳的质量分数约为 9.0%，铬原子最多可以取代 70.0%的铁原子，但是未发现铬碳原子比为 7 : 3 的纯碳化铬晶体。$(Fe,Cr)_{23}C_6$ 型碳化物是以铬和铁为主的间隙碳化物，具有面心立方点阵。$(Fe,Cr)_{23}C_6$ 中碳的质量分数极限为 5.5%，铬的最高质量分数为 59.0%，而 $Cr_{23}C_6$ 中的铬的质量分数为 94.3%，这说明 $(Fe,Cr)_{23}C_6$ 中的含铁量是很高的。

在铬含量较低、碳含量相对较高的铬白口铸铁中（指铬碳比<4）呈现渗碳体型碳化物 $(Fe,Cr)_3C$。从 $(Fe,Cr)_3C$ 的原子排列图中不难看出 $(Fe,Cr)_3C$ 中含有 19.2%（摩尔分数）的铬原子。

生产实践表明，碳化物的结构类型、形态和分布及数量对高铬白口铸铁力学性能有较大影响。与硬度为 1000~1100HV 的 $(Fe,Cr)_{23}C_6$ 型 $M_{23}C_6$ 碳化物和硬度为 840~1100HV 渗碳体型的 $Fe_3C(M_3C)$ 碳化物相比，硬度为 1300~1800HV，且有一定韧性、孤立状分布的 $(Fe,Cr)_7C_3$ 型 M_7C_3 碳化物对于提高高铬白口铸铁力学性能的作用更大，是理想抗磨相。

高铬白口铸铁成分对碳化物的影响也有很多研究。F. Maratray 通过大量实验研究得到的数据建立了与高铬白口铸铁碳化物有关的回归方程式：

$$w(M)=12.33w(C)+0.55w(Cr)-15.2\%$$

式中，M 为碳化物。

通过此公式可以近似计算各种铬含量、铬碳比不同的高铬白口铸铁中的碳化物含量百分比。高铬白口铸铁中碳、铬含量的变化对于碳化物数量的影响至关重要，因此在实际生产中对高铬铸铁的碳和铬进行含量的优化设计就显得非常必要了。

2.4　残留奥氏体的形成与影响因素

由于高铬白口铸铁中的碳和铬含量相对较高，且在组织中的成分分布不均匀，碳和铬偏高的区域奥氏体的稳定性十分显著，即使经过脱稳处理过的高铬白口铸铁，碳和铬偏高的奥氏体区域的 *Mf* 点一般也都在室温以下，因此铸件组织中不可避免地会出现一定数量的未转变的过冷奥氏体，这种过冷奥氏体我们称其为残留奥氏体。残留奥氏体的含量与高铬铸铁的碳含量、铬含量、铬碳比和冷却速度以及其他合金元素的含量等都有密切的关系，随着碳含量、铬含量、铬碳比和冷却速度以及其他合金元素含量（镍、锰等）的增加，残留奥氏体含量会有增加的趋势。这种面心立方晶格的残留奥氏体，在冲击载荷或压应力的作用下，一部分向体心立方晶格的马氏体转变，引起体积膨胀，相变引起的体积效应进一步增加内应力。随着残留奥氏体量的增加，高铬白口铸铁件服役过程中，相变引起的体积效应进一步增加内应力的倾向增多，这将促使局部发生裂纹萌生—扩展—断裂而导致材料失效。然而生产实践表明少量的残留奥氏体（小于 10%），能够阻止裂纹进一步扩展、促进对裂纹的吸收和钝化，对提高材料韧性能起到积极的作用。因此，控制残留奥氏体的适宜含量是生产马氏体高铬白口铸铁的重要环节之一。

影响残留奥氏体含量的因素很多，其中，化学成分、奥氏体化温度、冷却速度和脱稳程度是几个最主要的因素，但它们之间的相互影响和关联作用又相当复杂，因而对残留奥氏体量含量的影响也是十分复杂。

F. Maratray 对铬的质量分数为 14.0%~17.0%、碳的质量分数为 1.7%~3.3%的高铬白口铸铁进行过比较系统的研究，探讨了其影响高铬白口铸铁残留奥氏体含量的各种因素。当在较高温度下进行奥氏体化（固溶处理）时，碳和铬在高温奥氏体中溶解量增多，一方面会增加马氏体中的碳和铬含量，提高马氏体显微硬度；另一方面会导致 *Ms*、*Mf* 点相应下降。无论是冷却到何种程度，组织中的残留奥氏体含量都会随着 *Ms* 点的下降而增加。固溶于基体组织中的合金元素，一般会通过降低碳含量而起到稳定奥氏体的作用（钴和铝除外）。F. Maratray 对影响奥氏体含量的主要元素进行了测定，其结果见表 2-5。表 2-5 中，ΔT_A 表明每加入质量分数为 1.0%的合金元素时，奥氏体化温度发生变化的情况。

表 2-5　影响奥氏体含量的主要元素的影响

元素	元素增加量(质量分数,%)	ΔT_A/℃
Mn	1.94	−35
Ni	1.80	−22

（续）

元素	元素增加量(质量分数,%)	ΔT_A/℃
Cr	14.25	1.2
Mo	1.85	43
Si	1.23	79

锰和镍在高铬白口铸铁中扩大了奥氏体相区，降低 Ac_3 和 *Ms* 点温度，从而增加了残留奥氏体含量；而铬、钼、硅则起到了相反的作用，尤其是钼和硅，降低残留奥氏体含量的作用更加明显。

通过采用适宜的奥氏体化温度和脱稳处理，能有效地控制奥氏体中碳和铬等元素的适宜溶解量或析出量，在晶内形成二次碳化物，提高 *Ms* 点，可以促使更多的奥氏体向马氏体转变，有效降低残留奥氏体量，见图 2-12。图 2-12 所示为化学成分（质量分数）为 C 2.06%、Cr 16.0%、Mn 1.57%、Ni 1.18%、Mn 1.19%的高铬白口铸铁不同断面尺寸的试样，在不同奥氏体化温度淬火后出现的残留奥氏体量。不同断面尺寸的试样，随着奥氏体化温度的提高，残留奥氏体量均呈现增加的趋势；在相同奥氏体化温度下试样断面尺寸越小，残留奥氏体越多，但断面尺寸为 ϕ500mm 试样的残留奥氏体量已经不受奥氏体化温度的影响。

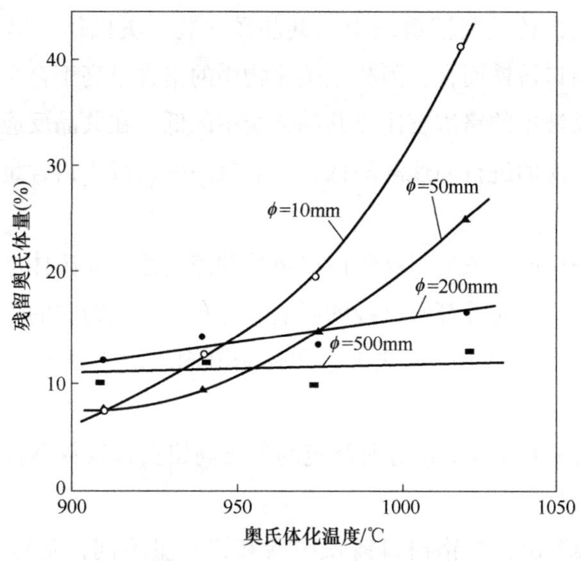

图 2-12　奥氏体化温度与不同断面尺寸的试样对残留奥氏体量的影响

对室温下残留奥氏体含量较高的高铬白口铸铁进行深冷处理，能有效降低残留奥氏体含量，但最终仍存在少量的残留奥氏体。当温度低于 *Ms* 点温度以后，冷却速度对于残留奥氏体量的影响就不明显了。

冷却过程中当部分奥氏体转变成贝氏体时，意味着未转变的奥氏体中碳含量增加，

Ms 点相应降低，会促使组织中残留奥氏体的增加。

对铬含量、碳含量、铬碳比、其他合金元素含量相同的高铬白口铸件而言，薄壁铸件中的残留奥氏体量会高于厚壁铸件中的残留奥氏体量，这是因为厚壁铸件的冷却速率比薄壁铸件的低，冷却过程中析出的二次碳化物多，将降低奥氏体中碳、铬含量，提高 *Ms* 点所致。

F. Maratray 等提出了 *Ms* 点与未转变奥氏体量的关系：

$$n=(52.7-0.174Ms)\%$$

式中，*n* 是未转变奥氏体体积分数含量（%）。

研究和生产实践结果表明，高铬白口铸铁淬火冷却过程中当快速冷至 550℃后，采用自然空冷较慢冷速时，会促使过冷奥氏体脱稳，使 *Ms* 点和 *Mf* 提高到室温以上，利于奥氏体向马氏体转变；当在 *Ms* 和 *Mf* 温度采用降低冷却速度或等温条件时，会为过冷奥氏体向马氏体转变提供较充分的机会和时间，可以减少残留奥氏体量。当淬火处理后残留奥氏体较多且硬度偏低时，也可采用适宜的亚临界处理，通过二次硬化，在降低残留奥氏体含量的同时提高硬度。

2.5 合金元素的分布及其对组织的影响

铬分布于高铬白口铸铁凝固组织中的共晶碳化物、奥氏体、奥氏体转变基体组织内。就过共晶高铬白口铸铁而言，因初生碳化物中的铬含量高于合金的平均含铬量，因此参加共晶反应的铁液中的铬浓度比亚共晶合金中的低。在共晶反应的温度范围内，液相铬浓度随着共晶反应的进行而逐渐降低，最后凝固的铁液中铬含量大约只有合金原始含铬量的一半。

分布于基体组织中的铬浓度对高铬白口铸铁的淬透性、奥氏体的稳定性、奥氏体的相变组织、材料的力学性能等都有直接的影响。分布于碳化物中的铬是影响碳化物结构类型、形态和分布的主要因素，因此了解和控制凝固组织中铬的含量和分布是十分重要的。

在表 2-6 中列出了 F. Maratray 等所测定的各类高铬白口铸铁基体、共晶碳化物、初生碳化物中的铬含量。

从表 2-6 中不难看出，高铬白口铸铁中碳和铬含量不同，基体中铬的质量分数在 5.5%~14.5%的范围内有较大变化；但碳化物中的铬含量的变化不大且没有一定的规律性，这也许与合金中其他合金元素的浓度变化有关。

高铬白口铸铁基体组织中的最佳铬含量 $w(\mathrm{Cr})_{基}$，可以用 F. Maratray 等提出的如下公式计算。

$$w(\mathrm{Cr})_{基}=\left[1.95\frac{w(\mathrm{Cr})}{w(\mathrm{C})}-2.47\right]\%$$

表 2-6　各类高铬白口铸铁基体、共晶碳化物、初生碳化物中的铬含量

高铬铸铁成分(质量分数,%)		基体铬含量(质量分数,%)	碳化物化学成分(质量分数,%)			
			初生碳化物		共晶碳化物	
C	Cr		Cr	Fe	Cr	Fe
3.51	12.20	6.38	36.05	62.38	25.64	62.65
3.58	14.45	6.30	42.35	50.88	47.44	44.49
4.10	15.10	5.51	32.55	57.80	38.86	54.18
3.62	20.35	8.79	48.87	42.36	48.87	42.04
2.95	25.82	14.46	61.05	31.43	62.31	30.28
3.70	25.32	11.60	56.34	36.32	56.34	36.26
4.31	24.80	11.33	52.95	40.63	45.75	44.02
2.91	11.65	7.01			40.07	51.19
2.65	12.65	10.60			40.00	51.67
2.08	15.85	10.41			56.11	43.73
2.67	14.95	8.61			44.47	47.30
2.08	20.55	14.28			58.35	33.81
2.67	20.75	12.52			55.31	38.13

高铬白口铸铁在凝固过程中，各种合金元素在基体与碳化物中的含量和分布、各元素溶质在固相中的浓度与液相中的浓度比值，即各种元素的平衡分配系数（K_0），可以决定初生相和共晶相的化学成分。这对高铬白口铸铁碳化物与基体组织的特性有重要影响。铜和镍的 $K_0>1$，它们几乎溶解在初生奥氏体相中，随着碳含量的提高 K_0 值增大。而铬、锰、钼、钒等碳化物形成元素的 $K_0<1$，这些合金元素的 K_0 都随碳含量的增加而降低，这些合金元素大部分将偏析于初生奥氏体外残留铁液中，如钼在凝固末期富集于残留铁液中，最终与碳结合形成碳钼化合物。

研究和生产实践表明，高铬白口铸铁中各种合金元素的 K_0 不同，分配也不均匀。即便是一个晶粒或一个共晶团内，心部与边缘的元素浓度也不均匀。铁液中溶质各元素的变化将影响晶体生长条件和特性。在亚共晶高铬白口铸铁中，奥氏体枝晶的发育及二次枝晶臂的生长均与凝固前沿排出铬原子富集而产生的成分过冷现象有关。

高铬白口铸铁中含有的钼、钒、镍、硅、硼等合金元素对共晶转变开始温度（T_{ES}）、共晶转变终了温度（T_{EE}）、共晶温度范围（ΔT_E）、共晶团直径（D_E）、共晶碳化物间距（F_S）有一定影响。这些合金元素通过形成碳化物及改变共晶团的尺寸、分布等方式，影响高铬白口铸铁韧性和耐磨性。

钒对共晶反应温度的影响比较明显，随钒含量的增加，共晶转变开始温度（T_{ES}）和共晶转变终了温度（T_{EE}）都明显上升，而钼则降低共晶反应温度。

铬的质量分数为 15.0%的高铬白口铸铁的凝固温度范围明显宽于铬的质量分数为 30.0%的高铬白口铸铁。

钒可减小铬的质量分数为 15. 0%的高铬白口铸铁的共晶团直径，而其他几种合金元素如钼则增大晶团的直径。

钼对铬的质量分数为 30. 0%的高铬白口铸铁共晶团直径的影响比较显著（增大），而其他几种合金元素则对铬的质量分数为 30. 0%的高铬铸铁共晶团的直径几乎没有影响。铬含量 15. 0%的高铬白口铸铁的共晶团直径普遍大于铬的质量分数为 30. 0%的高铬白口铸铁共晶团直径，不添加其他合金元素时，几乎相差近一倍。

共晶团的直径（尺寸）直接影响共晶碳化物的间距。共晶团的直径（尺寸）越小，共晶碳化物的间距就越小。共晶碳化物越均匀分布于基体组织中，则越有利于提高高铬白口铸铁的综合力学性能，反之则相反。研究表明铬的质量分数为 15. 0%的高铬白口铸铁的共晶碳化物的间距大于铬的质量分数为 30. 0%的高铬白口铸铁。

钼可以提高的材料淬透性，形成钼的碳化物，这些都有利于提高材料的耐磨性；然而钼又会加大碳化物的间距，不利于提高材料的耐磨性，显示出相互关联的双重性。

化学成分（质量分数）为 C 3. 12%、Si 1. 09%、Mn 0. 86%、Cr 17. 4%、Ni 0. 63%、Mo 0. 42%的高铬白口铸铁铸态组织，其合金元素（Cr、Mn、Mo、Ni、Si）的电子探针扫描（未经孕育+变质处理）面扫描和线扫描结果如图 2-13 所示，表明铸态高铬白口铸铁组织中合金元素（Cr、Mn、Mo、Ni、Si 等）的分布与上述相关论点颇为相似。

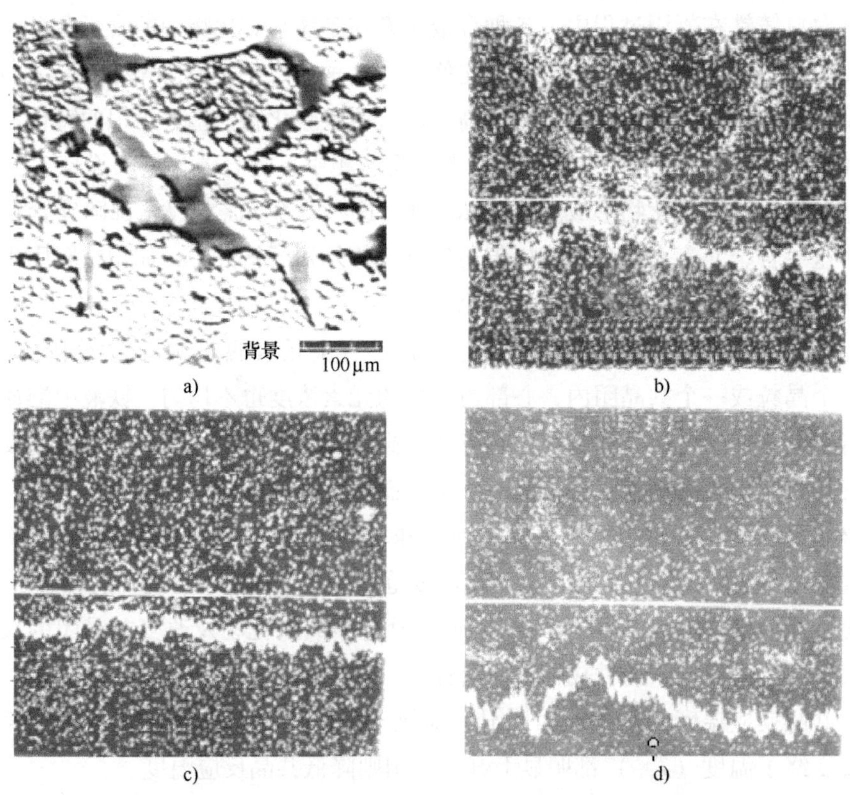

图 2-13　电子探针扫描合金元素的面扫描和线扫描结果

a）背景　b）Cr：面扫描、线扫描　c）Mn：面扫描、线扫描　d）Mo：面扫描、线扫描

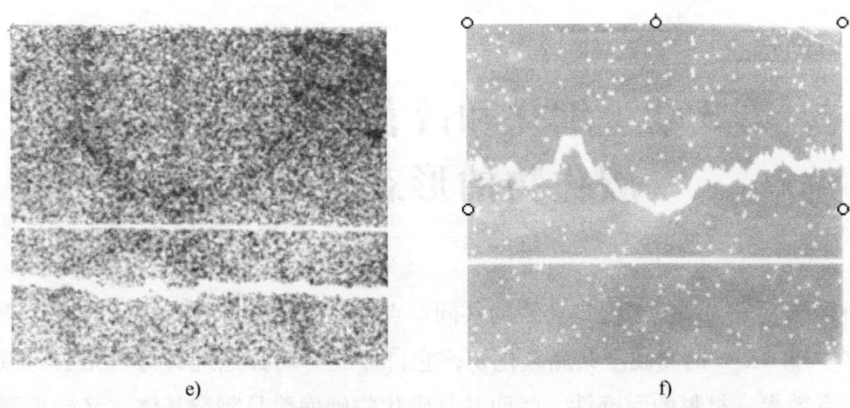

图 2-13　电子探针扫描合金元素的面扫描和线扫描结果（续）
e）Ni：面扫描、线扫描　f）Si：面扫描、线扫描

第 3 章　细化和改善白口铸铁共晶碳化物的形态及分布

众所周知，亚共晶抗磨白口铸铁的共同特点，是在组织中含有较高含量（质量分数为 25.0%~35.0%）的高硬度共晶碳化物，它自然成为同其他抗磨材料无法比拟的抗磨相，从而有效提高材料的耐磨性。然而共晶碳化物硬而脆且割裂基体，又严重降低了材料的强韧性，并直接降低抗磨白口铸铁件的使用安全可靠性及应用范围。因此，进一步提高具有良好耐磨性的抗磨白口铸铁的韧性，提高其安全可靠性，扩大其应用领域，自然就成为研究和生产实践中的关注重点。

从 20 世纪 80 年代起国内外许多冶铸工作者的主要研究和生产实践重点都放在了抗磨白口铸铁中的脆性相共晶碳化物上，促使其向着细化、孤立化、分布均匀化方向转化。当同体积含量的共晶碳化物尺寸变得更细小时，其在基体中分布可以更加分散和均匀，这能有效增加其周长和形状因子，增强基体与共晶碳化物之间的有机连接，减小共晶碳化物对基体的割裂作用，从而有效提高抗磨白口铸铁的韧性。

同时也应注意到，基体组织对抗磨白口铸铁韧性有积极影响。如何充分有效发挥基体组织对裂纹的钝化和吸收能量力，有效降低共晶碳化物裂纹向基体组织扩展的概率和速度，以提高基体组织既保护共晶碳化物又保护自己的作用，也是需要着重研究和探讨的问题。

当共晶碳化物体积分数（f）一定时，碳化物颗粒直径（d）及碳化物颗粒间的平均间距（K）有如下关系。

$$f/2 = C(d/K)$$

式中，C 是常数。

碳化物颗粒越细小，碳化物颗粒间的平均间距也越小，在基体中分布也就越均匀，这有利于提高抗磨白口铸铁韧性。同时，这也能减少磨损过程中磨粒直接切削基体的概率，一方面可以有效地降低基体组织磨损，防止其过早呈现凹坑，另一方面也可以有效防止共晶碳化物过早呈现凸起状，提高了基体组织保护共晶碳化物能力。

多年来许多冶铸工作者，通过采用塑性变形、再结晶热处理（含预热处理）、合金化、孕育+变质处理、加快凝固冷却速率、悬浮铸造、振动结晶等工艺措施，为细化抗磨白口铸铁共晶碳化物尺寸，改善共晶碳化物形态和分布做了大量工作，其结果归纳如下。

3.1　塑性变形

研究和生产实践表明，白口铸铁在奥氏体化温度范围内，具有一定的塑性变形能力。因此，反复锻打、轧制的过程可以使大块共晶碳化物发生碎裂，共晶碳化物沿平行于压延方向呈断链分布，可有效加强基体组织的连续性和基体组织与共晶碳化物的有机连接。

锻造后的普通白口铸铁和高铬白口铸铁与铸态相比，其强度和韧性产生了显著的提高。高铬白口铸铁在980~1100℃经热塑性变形后，共晶碳化物被破碎呈小颗粒（最大长度<120μm）并在基体中均匀分布，韧性大幅度提高，冲击吸收能量由铸态的5~6J提高到10~12J。

白口铸铁的锻造效果，取决于白口铸铁在锻造温度范围的组织，既取决于脆性相共晶碳化物数量、尺寸、形态、分布及基体组织，同时也取决于锻造过程中塑性形变量、共晶碳化物被破碎的颗粒大小、在基体中的分布情况等因素。塑性形变量越大、共晶碳化物被破碎的颗粒越小、在基体中的分布越均匀，锻造效果就越显著。因此要求锻造的白口铸铁组织中，共晶碳化物要呈现为断网状、块状或不封闭骨架，以防锻造过程中裂纹萌生—扩展—断裂，并确保经锻造后有一定塑性形变量，使共晶碳化物被破碎成小颗粒并均匀分布于基体中。

白口铸铁塑性变形时，共晶碳化物以位错运动、晶体滑移为机制进行塑性变形。这一事实证实含有一定数量脆性相共晶碳化物的白口铸铁可以采用塑性变形工艺。塑性变形使白口铸铁中共晶碳化物破碎呈现小颗粒、孤立化，并均匀分布于基体内，既能保持白口铸铁高硬度的特性，又能显著提高白口铸铁的韧性。

塑性变形工艺，是在所有细化共晶碳化物工艺措施中最直接、效果最显著的工艺措施之一。然而此工艺只适合于形状十分简单的铸件如磨球等，对形状较复杂的铸件难以实施。由于此工艺复杂、消耗大量能源、生产成本高等原因目前很少应用于生产上。

3.2 再结晶热处理（含预热处理）

高温再结晶热处理是一种细化白口铸铁共晶碳化物尺寸、改善其形状与分布的常用工艺，在普通白口铸铁和低合金白口铸铁中尤为常用。研究表明高温热处理时，Fe_3C或M_3C网状共晶碳化物发生粒状化，包括断网、团聚和团球化三个阶段。其中断网主要是通过网状中连接缝隙的扩大、缩颈部位的溶解和表面孔洞的扩大等三方面进行；团聚和团球化是通过尖角部位和表面微凸部位的溶解、小粒子的溶解或粒子的长大三方面进行。共晶碳化物的原始形貌（铸态）对粒化过程和程度有重要的影响，这引起了许多研究者的关注。在铸态下改变碳化物的尺寸、形状、分布，可以加速热处理时碳化物的溶解和粒化。研究结果表明，首先通过适宜孕育+变质处理，减少铸态共晶碳化物尺寸、改善其形状与分布，然后再进行热处理，可取得良好的效果（见图2-4和图2-5）。从表3-1可见，采用稀土孕育+变质处理后，因铸态组织细化、共晶碳化物尺寸变细小，共晶碳化物周长和形状因子增大，可以使热处理时共晶碳化物的溶解和粒化加速。

表 3-1 稀土（RE）孕育+变质处理对共晶碳化物的影响

孕育+变质处理	共晶碳化物形态因子 μ-1	基本成分	备注
未孕育+变质	0.21	C 3.12%，Si 0.6% Mn 1.1%，Cr 0.6%	低铬白口铸铁
稀土孕育+变质	0.31		

然而热处理时，受到奥氏体溶碳量和动力学条件限制，抗磨白口铸铁的共晶碳化物尺寸、形状、分布等只能部分得到改善。其次，由于高铬白口铸铁中的共晶碳化物十分稳定，热处理所需的温度高、时间长、工艺复杂等原因，目前很少有采用单一热处理工艺来细化碳化物的尺寸改善其形态及分布的做法，多数采用铸态孕育+变质处理工艺后，再进行再结晶热处理工艺，这样可以显著细化组织、增大共晶碳化物形状因子，改善共晶碳化物的形貌（见图 2-4 和图 2-5）。这种复合工艺具有良好的应用前景。

研究和生产实践表明，综合力学性能较高，且结构复杂的抗磨白口铸件，在最终再结晶热处理之前，预先做适宜的预热处理是十分必要的，一是促进成分均匀化，充分消除铸件铸造力，为通过相变再结晶细化组织、改变晶体结构和晶格常数、细化组织和提高综合力学性能创造有利件；二是为最终热处理工艺顺利实施（尤其对结构复杂壁厚相差悬殊的铸件），提供成分和组织均匀、低应力、细化组织的最佳状态铸件，为通过最终热处理的相变再结晶再次细化组织创造有利条件。

3.3 合金化

抗磨白口铸铁通过合金化，可获得如下三个效果：一是通过强碳化物形成元素的合金化，使 Fe_3C 型正交晶系共晶碳化物转变为 M_7C_3 型三角晶系或 MC 型立方晶系等，即所谓“逆变结构”碳化物，以改变共晶碳化物结构并细化共晶碳化物。二是通过强变质作用元素的微合金化，改变共晶碳化物晶体成长条件，改善其形态和分布，减少其间距，增强与基体的连续性，以提高强韧性。三是通过强化基体的元素和碳化物形成元素的优化组合的合金化，获得细化的理想基体和共晶碳化物，以提高其强韧性和耐磨性。

通过合金化发展起来的典型合金白口铸铁有铬、硼、钒、锰、钨白口铸铁等。本章重点论述铬和钒合金白口铸铁的共晶碳化物特点。

3.3.1 铬白口铸铁

铬白口铸铁具有良好强韧性和耐磨性及一定的韧性，已得到了广泛的应用。尤其是高铬白口铸铁，在抗磨方面具有独到之处。从 20 世纪 70 年代以来，我国对铬合金白口铸铁做了大量的工作。当铬的质量分数大于 11%、铬碳比大于 4 时，低铬白口铸铁中连续、片状的 $(Fe,Cr)_3C$ 型共晶碳化物被断续、孤立块状的 $(Fe,Cr)_7C_3$型所代替。这种 M_7C_3 型共晶碳化物不但比 M_3C 型硬度高，而且具有一定韧性，在磨损过程中有一定的弯曲能力，在冲击条件下不易碎裂和剥落（见图 3-1）。

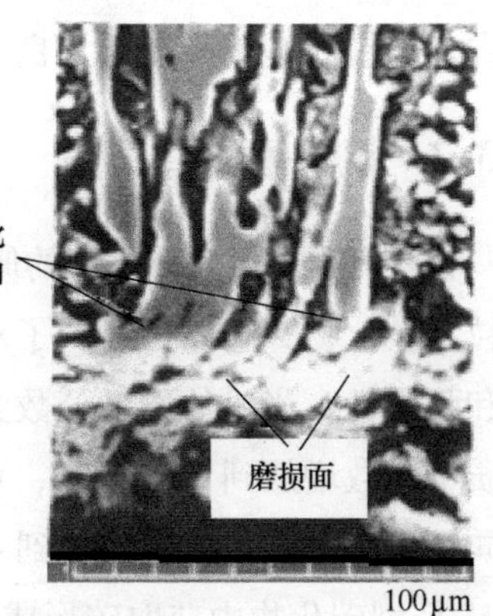

图 3-1　$(Fe,Cr)_7C_3$ 型（M_7C_3）共晶碳化物在磨损过程中产生的弯曲情况

铬合金白口铸铁的基体，根据实际工况环境和磨损特点，通过合金化有的放矢地选择铸态奥氏体、马氏体+奥氏体、马氏体等，通过适宜热处理可选择奥氏体、马氏体+奥氏体、马氏体、贝氏体、贝氏体+奥氏体等细化的基体组织，以满足各类磨损工况特点，同时有效保护共晶碳化物。

探讨共晶碳化物特性对铬白口铸铁耐磨性影响时发现，网状共晶碳化物 $(Fe,Cr)_3C$ 与圆柱状或团球状共晶碳化物 $(Fe,Cr)_7C_3$ 由于结构、形态、分布不同呈现不同的耐磨性。从共晶碳化物三维形态可以看出，圆柱状或团球状碳化物 $(Fe,Cr)_7C_3$ 和基体的结合状态与网状碳化物 $(Fe,Cr)_3C$ 不同。前者碳化物是孤立相，基体为连续相；而后者碳化物是连续相，基体为孤立相。因而两者呈现截然不同的耐磨性。

$(Fe,Cr)_7C_3$ 碳化物尺寸细小，与基体接触表面大，有机连接性强，在保护基体的同时，基体对碳化物又有较好的支撑，从而能充分地发挥碳化物 $(Fe,Cr)_7C_3$ 的抗磨作用。铬含量不同，碳化物类型、形态不同，耐磨性不同。相同碳含量和相同类型碳化物 $(Fe,Cr)_7C_3$ 的情况下，随着铬含量的增加，碳化物含量增加，其耐磨性随之增加。对于接近共晶成分高铬白口铸铁，随着铬含量的进一步提高，因共晶点左移将呈现过共晶成分，在组织中出现 $(Fe,Cr)_{23}C_6$ 型初生碳化物，显微硬度仅为 1400HV 左右。这种过共晶初生碳化物组织粗大，其韧性不如亚共晶高铬白口的 M_7C_3 型共晶碳化物，同时凝固时将消耗大量铬元素，使基体组织中的铬含量和显微硬度显著降低，从而导致耐磨性降低。亚共晶成分的高铬白口铸铁，当 Cr 的质量分数提高到 30.0%时，铸态组织仍呈现为奥氏体+M_7C_3 型共晶碳化物，然而经热处理后 M_7C_3 型共晶碳化物变为双层结构，外层为 $(Fe,Cr)_{23}C_6$ 型，而中心区域为 M_7C 型。前者在磨损过程中极易出现裂纹，而后者不易出现裂纹。因此，M_7C_3 型结构的共晶碳化物是高铬白口铸铁中理想的坚硬抗磨相。要想获得 M_7C_3 型共晶碳化物，要选用铬的质量分数大于 11.0%，铬碳比大于 4 的亚共晶高铬白口铸铁。

高铬白口铸铁成本高且我国铬资源较贫乏，这在一定范围内限制了高铬白口铸铁的应用范围。针对这一实际问题，20 世纪 90 年代沈阳铸造研究所研究开发了高硅碳比中铬白口铸铁，该白口铸铁在铬的质量分数为 7.0%~9.0%、铬碳比小于 4 条件下，使 95.0%的共晶碳化物呈现为与高铬白口铸铁相同结构细化的 M_7C_3 型，其力学性能相当于铬 15 型高铬白口铸铁，在高应力研磨磨损、腐蚀磨损中，其使用寿命可与铬 15 型高铬白口铸铁相媲美，得到了良好的社会效益和经济效益。

3.3.2 钒抗磨白口铸铁

钒具有强烈形成碳化物的倾向，在白口铸铁中将形成细小、高硬度的 VC（2800HV）颗粒状碳化物，它显著降低了对基体的切割作用，从而能够较明显提高抗磨白口铸铁韧性和耐磨性。当钒的质量分数为 0.47%时，其铸态组织与普通白口铸态组织相似；但钒的质量分数增加到 1.34%时，可以看到共晶碳化物明显呈现断网状、针状渗碳体减少的倾向；当钒的质量分数增加到 4.25%时，共晶碳化物呈孤立团絮状或球状，这是由于钒从 M_3C 型碳化物中获取碳形成钒碳化物（VC）的结果。正因为如此，在共晶碳化物呈 M_3C 型的低铬白口铸铁中加入钒后，随着钒含量增加，共晶碳化物由网状→断网状→孤立状→球状变化，组织中细化的球状钒碳化物（VC）增多，M_3C 型碳化物减少，强韧性和耐磨性提高。

通过合金化改变抗磨白口铸铁共晶碳化物的结构、细化尺寸、改善形态和分布是可行的工艺措施。然而有的材料，如钒白口铸铁，受到资源和成本的限制。在实际生产中，应按市场需求有的放矢地选用。

3.4 孕育+变质处理

通过孕育+变质处理，可明显细化抗磨白口铸铁基体组织和共晶碳化物，改善共晶碳化物的形貌和分布。其机制为，孕育+变质处理将有效改变亚共晶白口铸铁凝固过程中初生奥氏体和共晶奥氏体及共晶碳化物的形核生成条件和晶体成长的条件，为细化基体组织和共晶碳化物、改善共晶碳化物形状和分布创造有利条件。

孕育机制原理为，当抗磨白口铸铁铁液中按工艺要求加入少量的易生成形核质点的元素，如由 B、Ti、V、Nb、RE、K、Na、Sr、Mg 等优化组合的多元孕育剂+变质剂时，在凝固过程中优先生成高熔点细小的各类化合物，如碳化物、硫化物和氮化物及自成复合化物等，成为外来形核质点，改变形核生成条件，显著增加形核质点密度和数量，为细化抗磨白口铸铁基体组织和共晶碳化物创造有利条件，促使抗磨白口铸铁组织细化。

变质机制原理为，加入微量的 RE、Sr、K、Na 等化学活性强、吸附力强的元素时，这些元素强烈吸附在正在择优成长晶向的晶体表面（例如正在择优成长晶向的共晶碳化物表面形成吸附膜），限制或降低成长速度；而与它垂直的晶向却加快成长速度，改变了共晶碳化物成长条件，使共晶碳化物呈现球状+团球状+蠕虫状等孤立状，有效改善其形状和分布。

钾、钠非常活泼，极易氧化和挥发，密度小，不易直接加入铁液中，而且纯的钾、钠价格高，直接加入抗磨白口铸铁中经济上也不合理。因此生产中有的用钾盐或钠盐，通过适当的还原反应制成含钾或含钠中间合金，或优化配置多元复合的某种化合物的孕育剂+变质剂。按金属活性顺序钾、钠在常见元素中与氧的亲和力最强，从含氧的钾盐或钠盐中提取钾、钠是很困难的。大量资料指出，活性金属很难从其盐类中被一个活性小的金属所置换，但事实上在许多情况下却可以实现这种看似与钾、钠两个金属的氧化势相矛盾的置换。这是由于含有钾、钠两种金属元素的盐，在较高的温度下挥发度的差别使平衡转移所致。例如铷和铯能从它们的盐类中被铁置换。实现这种置换所需的温度与所用的盐类有关。由此可见，用金属热还原法制取含钾、钠的合金是可能的。

用热还原法制取纯的钾、钠时，其主要反应式为（反应温度为900~1050℃）：

$$6NaOH+2C \rightarrow 2Na_2CO_3+2Na+3H_2$$

$$2KF+CaC_2 \rightarrow 2K+CaF_2+2C$$

$$2K_2CO_3+3Si+6CaO \rightarrow 4K+2C+3(2CaO \text{或} SiO_2)$$

从上述化学反应中不难看出，钾盐或钠盐中的钾或钠在适宜温度下能从抗磨白口铸铁中被碳和硅置换出来，并与适宜稀土和稀土镁合金相互作用，可有效地起到孕育剂+变质剂的作用。

由上述反应式可见，碳、硅、碳化钙均可用作还原剂，由此推论铝、镁和稀土等也可用作还原剂。

多年来生产实践表明，优化组合的钾+稀土或稀土镁合金或Sr多元复合孕育剂+变质剂对白口铸铁细化晶粒、细化共晶碳化物、纯净化、提高综合力学性能可以起到明显效果。

用钾或钠处理过的高铬白口铸铁，共晶碳化物明显得到细化，其形状和分布也得到显著改善（见图2-4）。这与加入钾或钠后，高铬白口铸铁初晶结晶温度（液相线温度）降低6~22℃、共晶结晶温度（共晶反应开始温度）降低6~15℃有关。初晶结晶温度和共晶结晶温度下降，说明用钾或钠孕育+变质处理过的铁液，在液相线和共晶区域已被过冷，这有利于共晶领先相形成，并使形核数量增加，利于细化共晶碳化物；另外，钾、钠、稀土是表面活性元素，共晶结晶时选择性地吸附在共晶碳化物择优生长晶向表面上，形成吸附薄膜，阻止铁液中的Fe、Cr、C等原子进入共晶碳化物晶体中，降低了共晶碳化物沿［010］择优方向的长大速度，使［010］方向的长大速度减慢；而与它垂直的［001］或［100］晶向由于没有形成吸附薄膜促使铁液中的Fe、Cr、C等原子进入共晶碳化物晶体中，将形成孤立不规则球状、团球状、团块状、蠕虫状碳化物，其形状和分布将得到改善。

采用K或Na和RE喷射法对高铬白口铸铁进行孕育+变质处理时，铸态组织中碳化物变为蠕虫状、团块状。由于稀土的加入，共晶凝固时，奥氏体在碳化物前端相互搭桥，使许多板状碳化物变成条状和杆状。稀土元素含量越高，转变份额就越多，同时碳化物亦被明显细化。然而，稀土元素含量超过0.04%后将增加稀土夹杂物的含量，生产中应给予足够重视。

加入Sr、Si、Al等元素时，由于这些元素在碳化物中溶解度近似为零，且富集在共晶结晶前沿处，使共晶碳化物沿择优成长晶向［010］成长速度降低，而与它垂直晶向（［001］或［100］）成长速度加快，因此能有效改变其成长条件，使共晶碳化物呈现细化的球状、团球状、蠕虫状，有效改善其形状和分布。但其硅、铝的质量分数应严格控制在<1.5%、<0.04%，以防高铬白口铸铁变脆。

采用 B、Ti、V、Nb、N 等元素对低合金白口铸铁进行孕育+变质处理时，能够形成高熔点的钛硼化合物、碳化物、氮化物，可为初生奥氏体、共晶碳化物提供异质核心。此时共晶机理发生了变化，有利于形成离异共晶。共晶碳化物形态和分布也发生了变化，以断网、孤立状分布于基体组织。

在实际生产中，采用多元素复合孕育剂+变质剂，进行一次和二次孕育+变质处理，可以使高铬白口铸铁共晶碳化物尺寸细化，并明显改善其形态和分布。共晶碳化物最大尺寸（长度）由 280~320μm 变为小于 120μm，其形状呈现球状、团球状、蠕虫状，其分布较均匀。这也显著提高了高铬白口铸铁的力学性能，铸态下冲击吸收能量可达到 8~12J。有研究报道了，用 0.1%~0.4% Al-10Sr 进行孕育+变质处理对高铬白口铸铁共晶碳化物形貌的影响。图 3-2 是用 0.2% Al-10Sr 孕育+变质剂对化学成分（质量分数）为 C 2.96%~3.16%、Cr 26.31%~26.71%、Si 0.71%~0.73%、Mn 0.26%~0.27%的高铬白口铸铁进行孕育+变质处理前后，高铬白口铸铁共晶碳化物形貌 FESEM 图。

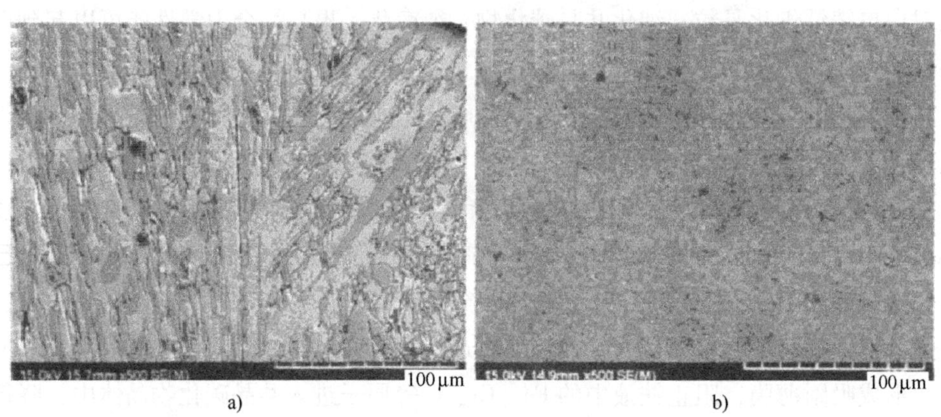

a) b)

图 3-2 孕育+变质前后共晶碳化物形貌的 FESEM 图

a）变质前 b）0.2% Al-10Sr 变质后

Sr 与 RE、K、Na 一样是表面活性元素，加入到高铬白口铸铁铁液时，将吸附在共晶碳化物的表面形成吸附膜，阻碍碳化物的成长；而与它垂直晶向成长速度加快，使共晶碳化物呈现孤立状，其形状和分布得到改善。由于 Sr 的作用，共晶碳化物与共晶奥氏体相互依附生长也会受到阻碍，共晶团也得到明显细化。

为了进一步观察 Al-10Sr 孕育+变质对高铬白口铸铁中碳化物形貌的影响，对未经孕育+变质处理的试样和用质量分数为 0.2% Al-10Sr 孕育+变质处理的试样进行深腐蚀，并萃取出其中的碳化物，利用 FESEM 进行观察，其结果如图 3-3 所示。

a)

b)

图3-3　深腐蚀萃取的碳化物FESEM图
a）孕育+变质处理前　b）孕育+变质处理后

从图3-3可看出，无论是孕育+变质前还是孕育+变质后，高铬白口铸铁中的碳化物均呈现为长的板片或杆状。经Sr孕育+变质以后，高铬白口铸铁中的碳化物无论是长度还是横截面直径都明显减小。

采用孕育+变质处理，细化抗磨白口铸铁共晶碳化物（尺寸）、改善其形态及分布的工艺措施，在生产中广泛应用。此工艺比较简单、有效，在所有工艺措施中是较为经济的方法，值得关注。

3.5　加快凝固冷却速率

研究和生产实践表明，采用加快铸件凝固冷却速度的工艺，可以有效细化共晶碳化物、减少其间距、改善形状和分布。

在生产中，首先要采用导热快、冷却速率较快的铸型，以加快铸件在铸型中的凝固冷却速率、减少晶体成长速度。如金属型铸型、金属型+水冷铸型、铁型覆砂铸型、壳型+铁砂工艺、采用加外冷铁或加内冷铁（三维多孔内冷铁）工艺的铸型等。

图3-4所示为化学成分（质量分数）为C 3.31%、Si 1.48%、Mn 0.97%、Cr 2.96%的低铬白口铸铁，用小型水冷金属型和大型水冷金属型生产的磨段组织中共晶碳化物形貌特征。

从图3-4不难看出，大型水冷金属型生产的磨段组织与小型水冷金属型铸造相比，其共晶碳化物明显细化、分布也十分均匀。这是由于大型水冷金属型的过冷程度远大于小型水冷金属型，显著降低了液相线和共晶反应开始温度（见表2-3），促使单位时间内生成更多形核质点，为细化共晶碳化物创造有利条件，同时有效降低共晶碳化物晶体成长速度。

其次，在充型良好的前提下，要采用低温、快速、平稳充型的浇注工艺。低温浇注有利于提高铸件凝固速率，同时改善凝固前夕铁液的进程排列，减少液相区域内温度和

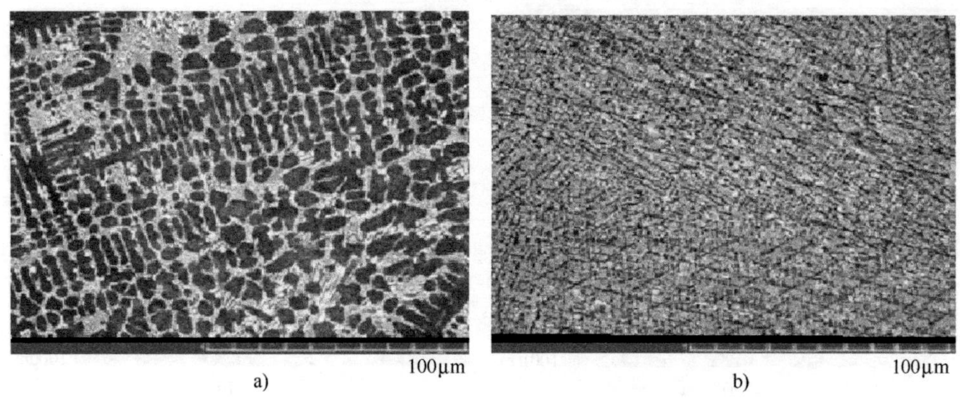

a)　　b)

图 3-4　磨段组织中共晶碳化物形貌特征
a）小型水冷金属型磨段　b）大型水冷金属型磨段

浓度梯度并减少其间距，促使铁液凝固的同时生成更多形核质点，为细化抗磨铸件组织创造有利条件。低温浇注必须要做到快速平稳充型。要确保低温快速平稳充型的浇注工艺顺利实施，一是要依据最佳浇注时间，优化设计和确定最佳的浇注系统截面积，并适当加大其截面积；二是要采用设有良好隔热和保温措施并充分烘烤的铁液包，以减少铁液在包中温度梯度以防黏包，并为凝固时生成更多形核质点创造有利条件；三是借助相关铸造工艺如离心铸造、高压铸造、负压铸造、真空吸注等工艺进一步加快低温快速平稳充型速度。

3.6　悬浮铸造工艺

文献曾报道过悬浮铸造相关试验研究结果。悬浮剂加入量为 1.0%～1.5%（质量分数），其直径约 1mm 左右，为清洁小颗粒，材质与将浇注的白口铸铁相同或接近或为纯铁等。在浇注全过程中，通过专用装置把悬浮剂均匀加入到白口铸铁铁液流中，使含有悬浮剂的铁液通过浇注系统不断进入型腔充满铸型，即为悬浮铸造工艺。通过悬浮剂的微型内冷铁的作用，凝固过程将引起微小浓度和温度起伏并减少其间距，这将改变铁液凝固时形核生成条件，显著增加有效形核质点密度和形核质点数量，为细化组织（如细化共晶碳化物）、改善共晶碳化物形态和分布创造十分有利的条件。

图 3-5 所示为化学成分（质量分数）为 C 3.08%、Cr 15.4%、Si 1.12%、Mn 0.82%未经孕育+变质处理的铬 15 型高铬白口铸铁，用 1.0%（直径为 1mm）清洁纯铁颗粒作为悬浮剂，经悬浮铸造工艺（浇注温度为 1480℃），从 200mm×250mm×200mm 试样（水玻璃铸型）心部取样所观察的金相组织。

检测表明，经悬浮铸造后的共晶碳化物最大长度，由悬浮剂处理前的 280～320μm 变为 80～120μm，显著细化了共晶碳化物并减少其间距，增大其周长和形状因子，有效改善了共晶碳化物的形貌和分布，有利于提高白口铸铁的强韧性。

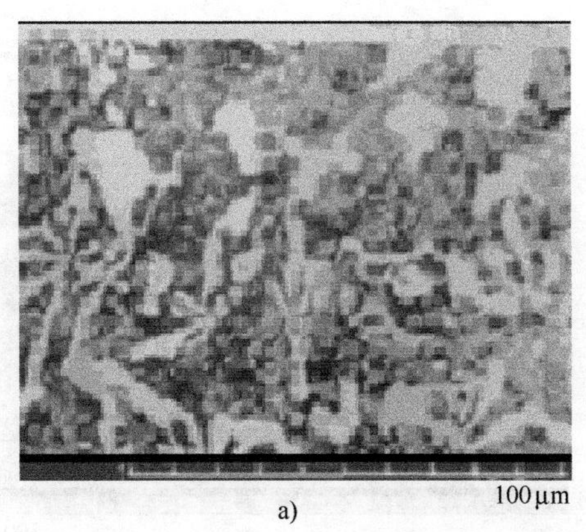

a)

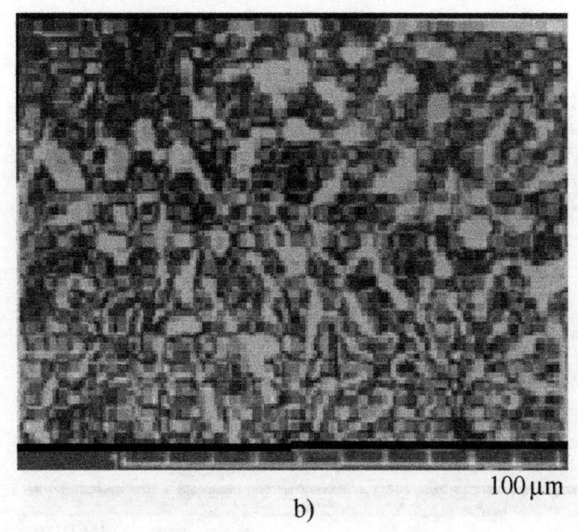

b)

图3-5　悬浮铸造前后共晶碳化物形貌
a）悬浮铸造前　b）悬浮铸造后

悬浮铸造工艺多用于厚壁大型抗磨白口铸铁件的生产上，其效果十分显著，是值得关注的工艺措施。实施悬浮铸造工艺时，要做到浇注过程中通过专用装置始终把清洁的悬浮剂随铁液流均匀加入，在铸型铁液中保持均匀悬浮状态下被熔化，且与铁液同时凝固，方能得到悬浮铸造的良好效果，这是悬浮铸造工艺的关键技术，应给予足够重视。

3.7　振动结晶

文献先后报道过振动、振动场对铸造合金凝固（结晶）组织影响、超声波对铸造合金组织和性能的影响。

研究和生产实践表明，振动频率为50~60Hz、振幅为0.6~1mm的条件下，经振动结晶的高铬白口铸铁（边浇注边振动）具有显著的细化基体组织并减少共晶碳化物间距的作用，同时可有效改善共晶碳化物形态和分布。图3-6是振动结晶器示意图。

图3-7是未经孕育+变质处理的化学成分（质量分数）为C 3.11%、Cr 23.2%、Si 1.14%、Mn 0.93%的铬20型亚共晶高铬白口铸铁和质量分数为C 3.62%、Cr 26.6%、Si 1.11%、Mn 0.96%的铬26型过共晶高铬白口铸铁，经振动结晶后（浇注温度1480℃），从ϕ250mm×250mm试样（铁型覆砂铸型）心部取样所观察的金相组织。

检测表明，经振动结晶后高铬白口铸铁共晶碳化物最大长度，由原来280~320μm可减少到70~120μm，共晶碳化物明显细化，间距明显减少，其周长和形状因子增大。振动结晶可以有效改善共晶碳化物形状和分布，有利于提高材料的强韧性。

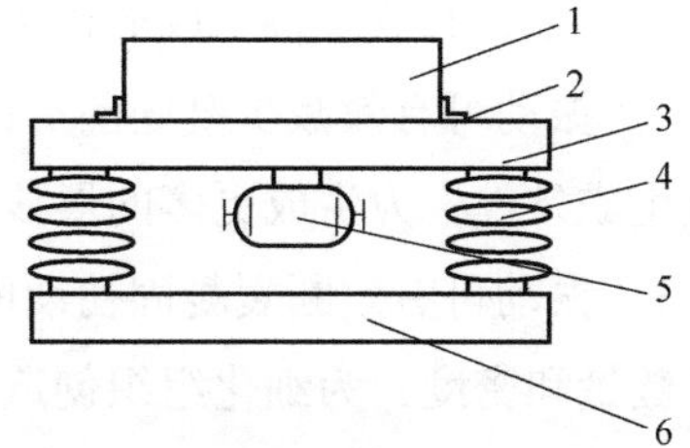

图3-6　振动结晶器示意图
1—铸型（刚性要好　铁型覆砂铸型）　2—固定铸型装置（铸型与振动台要紧固，振动时不得位移）　3—振动台（与铸型保持水平）　4—橡胶弹簧　5—调速电动机　6—振动台底柱（要牢固）

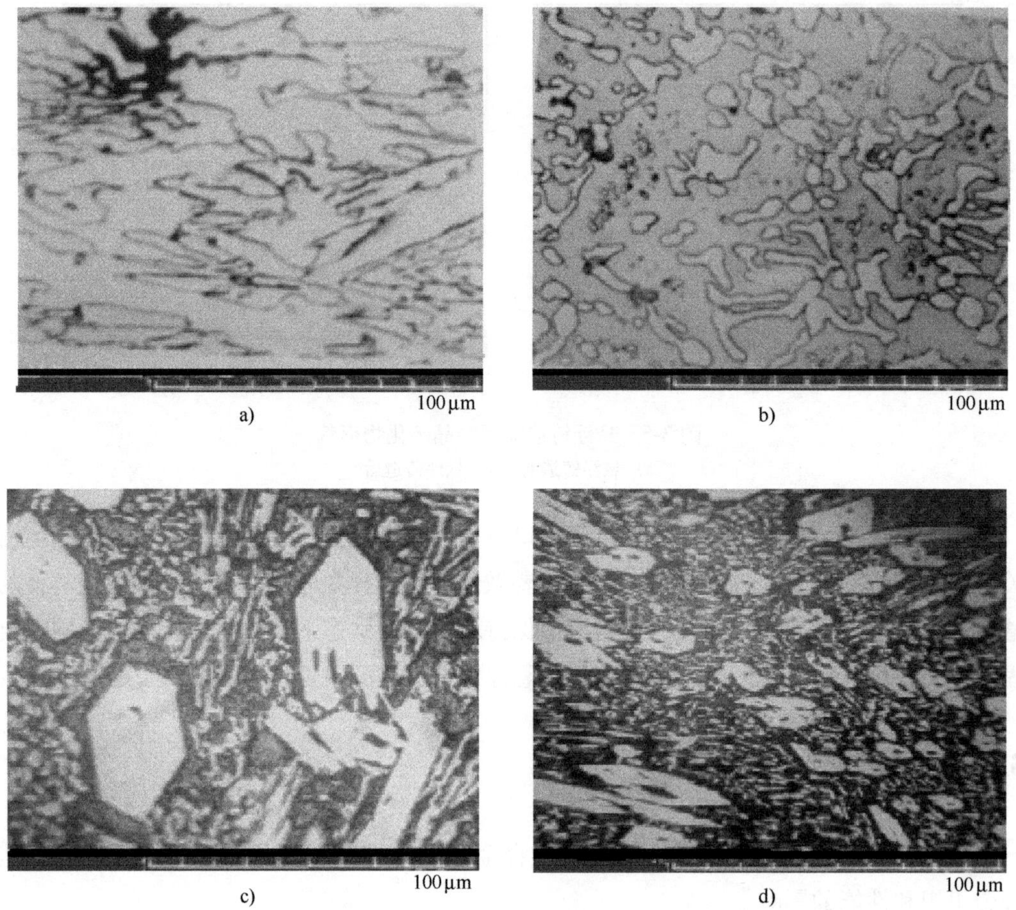

图 3-7　高铬白口铸铁振动前后碳化物形貌

a）振动前亚共晶高铬白口铸铁碳化物形貌　b）振动后亚共晶高铬白口铸铁碳化物形貌
c）振动前过共晶高铬白口铸铁碳化物形貌　d）振动后过共晶高铬白口铸铁碳化物形貌

分析认为：

1）振动有利于提高成分和温度的均匀性，可有效改善凝固前夕铁液的近程排列且减少其间距，有效改善生成形核条件，为凝固时生成更多形核质点创造有利条件。

2）振动可有效减少凝固前夕铸型各区域温度和浓度梯度及间距，有效改变凝固时形核生成条件，为生成更多的形核质点创造条件，促使组织细化。

3）振动可有效断裂凝固初期的树枝晶（一次或二次），并使其成为形核质点，增加其数量和密度，为细化组织创造有利条件；同时振动可改变晶体成长条件，有效限制或加快晶体在不同晶向的成长速度，明显改善晶体形状和分布。

振动结晶多数用在厚壁大型白口铸件的生产上，效果十分显著，也是值得关注的工艺措施。研究结果表明如果振动结晶时的振动频率过高、生成形核质点过多，形核成长的前沿枝晶容易相互搭接，易堵住补缩通道，造成热节部位产生一定疏松，应用中应给予足够的重视，优化选择频率。

3.8　小结

1）塑性变形、合金化、热处理和孕育+变质处理、加快凝固冷却速率、悬浮铸造、振动结晶等工艺措施对细化共晶碳化物、改善共晶碳化物形态和分布有不同程度的效果。

2）塑性变形工艺使白口铸铁共晶碳化物破碎成细化孤立状，在所有工艺措施中是最直接、效果最显著的工艺措施之一。然而此工艺只适合于形状十分简单的铸件上，形状稍复杂的铸件则难以实施。塑性变形工艺复杂、消耗大量能源、生产成本高，不宜提倡。

3）铸态采用孕育+变质处理后，再进行高温再结晶热处理（含预热处理）可显著细化和改善共晶碳化物的形貌及分布。这一工艺已得到广泛应用，在所有工艺措施中较简单、有效且经济，有良好应用前景，值得关注。

4）通过合金化可改变共晶碳化物的类型和形态及分布，但有时受到资源和成本的限制，在生产中应做到有的放矢地采用。

5）采用加快铸件的凝固冷却速率工艺，可以有效细化共晶碳化物、减少其间距、改善形状和分布。生产中可采用导热快的金属型铸型、金属型+水冷铸型、铁型覆砂铸型、壳型+铁砂工艺、采用加外冷铁或加内冷铁（三维多孔内冷铁）工艺等冷却速度较快铸型和低温快速平稳充型的浇注工艺。

6）悬浮铸造、振动结晶多数用于厚壁大型铸件的生产，其效果十分显著，值得关注。

第 4 章 抗磨白口铸件服役中常遇到的磨损及特点

4.1 磨损分类

抗磨白口铸铁件在服役中常遇到的磨损，与各类物料的行为和环境状态有着密切关联。按物料接触磨损面时的施力与受力、形状和尺寸变化、物料在磨损面滑移特点及环境状态，抗磨白口铸铁件常遇到的磨损可归纳为如下三大类的三种状态 11 种形式：

第一大类为磨损面接触干态/湿态、硬物料/软物料，并被破碎、粉碎或研磨时的磨损（4 种磨损形式）；

第二大类为磨损面接触干态和湿态及热态硬物料，且其几何形状几乎无变化时的磨损（5 种磨损形式）；

第三大类为磨损面接触干态和热态金属物料，其几何形状和尺寸有显著变化时的磨损（2 种磨损形式）。

表 4-1 中列出了三大类三种状态 11 种磨损的分类和特点。这三大类三种状态的 11 种磨损，是抗磨白口铸铁件服役中常遇到的典型磨损，为了使抗磨白口铸件更加安全、可靠、耐久、经济地使用，了解和掌握其特点，在生产中以此为依据采用针对性技术工艺措施是十分必要的。只有采用的生产工艺措施有针对性，才能生产出符合磨损特点、最适合服役条件的优质抗磨白口铸件。

表 4-1 三大类三种状态 11 种磨损的分类和特点

分类	磨损面接触物料特点	磨损环境	典型铸件	受力与磨损	磨损特点
第一大类（4 种磨损）	接触硬物料或软物料被破碎或粉碎时磨损	1）干态破碎硬物料	磨辊，板锤，锤头	冲击+疲劳	冲击疲劳磨损
		2）干态粉碎或研磨硬物料	衬板，磨球，磨段	高应力研磨	高应力研磨磨损
		3）干态粉碎或研磨软物料	粉碎饲料叶片，粉碎或研磨木浆料磨片	切应力	剪切软磨料磨损
		4）湿态粉碎或研磨硬物料	湿磨机衬板，磨球造纸磨片	高应力研磨+腐蚀	高应力研磨腐蚀磨损

（续）

分类	磨损面接触物料特点	磨损环境	典型铸件	受力与磨损	磨损特点
第二大类（5 种磨损）	接触几何形状几乎无变化硬物料时磨损	1）干态高速流动	输送管道，抛丸机喷嘴	高动能高速流动磨料的冲刷	冲刷磨料磨损
		2）干态缓慢移动	抓斗内衬	磨料划伤	接触划伤磨损
		3）热态缓慢移动	烧结机箅条，料钟	热态磨料划伤	热态接触划伤磨损
		4）湿态高速流动	杂质泵过流部件，耐酸泵过流部件	高动能高速流动磨料的冲击+腐蚀	冲蚀磨损
		5）湿态缓慢移动	混凝土搅拌机叶片	磨料划伤+腐蚀	接触划伤腐蚀磨损
第三大类（2 种磨损）	接触金属物料其几何形状有显著变化时磨损	1）干态	高速线材磨辊，冷轧辊	挤压+划伤+疲劳	干态挤压疲劳磨损
		2）热态	导卫板，热轧辊	热态挤压+划伤+疲劳	热态挤压疲劳磨损

注：表中“高速流动”指能赋予磨料动能的速度；“缓慢移动”指不能赋予磨料动能的速度。

4.2　磨损机理

大量积累的高铬白口铸铁磨损面形貌和磨屑形貌特征以及磨损面显微金相组织的特征为揭示高铬白口铸铁磨损机理提供了有说服力的依据（图 4-1~图 4-5）。

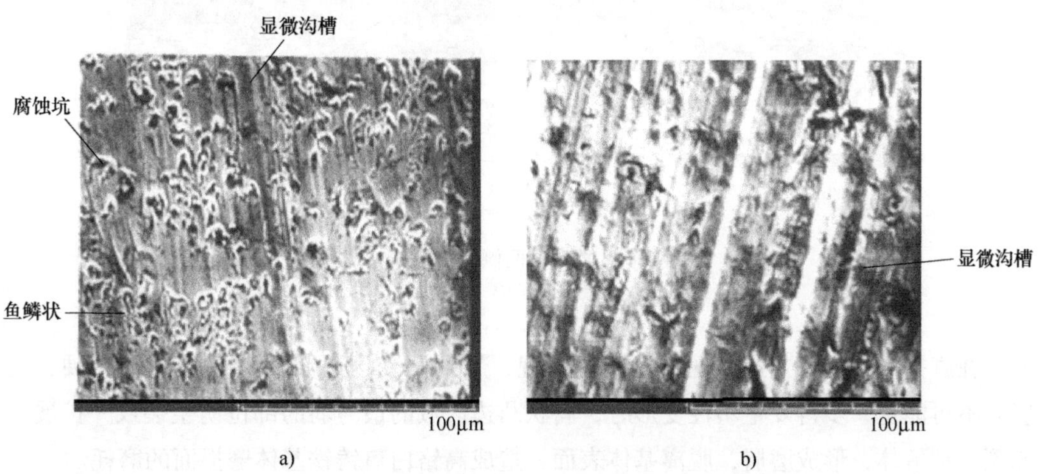

图 4-1　杂质泵叶轮和抛丸机喷嘴磨损形貌

a）杂质泵叶轮腐蚀磨损表面形貌　b）抛丸机喷嘴冲刷磨损表面形貌

图 4-1 为磨损面接触流速为 22~28m/s 腐蚀液体介质和由它赋予的高动能高速流动的磨料时，马氏体高铬白口铸铁杂质泵叶轮磨损形貌，以及磨损面接触流速为 80m/s 无腐蚀气体介质和由它赋予的高动能高速流动的钢丸时，马氏体高铬白口铸铁抛丸机喷嘴磨损形貌。

从杂质泵叶轮磨损形貌中明显看出，磨损面因受到不同方位腐蚀介质的腐蚀和高动能磨料的显微切削及冲击，形成显微沟槽、显微腐蚀坑、鱼鳞状等磨损面显微特征。从抛丸机喷嘴磨损形貌中也明显看出，磨损面因受到几乎同一方位气体介质和高动能钢丸的高速冲刷所形成的显微沟槽，其宽度远大于杂质泵叶轮的显微沟槽。经检验结果表明，两者磨损前后磨损面硬度没有变化，显微沟槽深度为 4~8μm，值得指出的是，观察显微磨损面如显微沟槽、显微腐蚀坑时，没有发现其周围塑性变形留下的痕迹。分析认为这与马氏体高铬白口铸铁塑性变形十分有限有关，例如形成显微沟槽时所形成的两侧塑变区域（高应变区域），其塑性变形十分有限，不能在塑性变形和切屑时脱离磨损面，导致形成显微沟槽。为了证实这一事实，在收集观察塑性较好的低碳奥氏体基体磨损面时，确实观察到显微沟槽两侧呈现塑变形貌特征，见图 4-2。

从图 4-2 可直观看到显微沟槽两侧金属发生塑性流变，形成唇状凸边区域。伴随着塑性流变发生和唇状凸边区域形成，金属组织和性质将发生很大变化。如可能发生形变硬化、形变热导致的相变、组织结构变化、内应力增加、工件表面的氧原子向塑性流变区扩散等一系列足以改变材料组织结构和性能的变化。

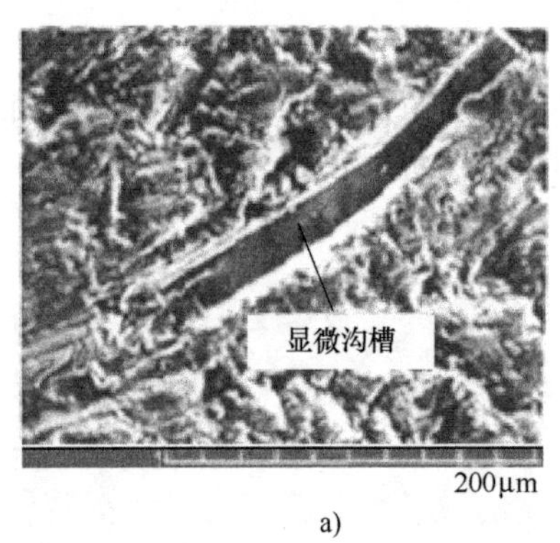

a)

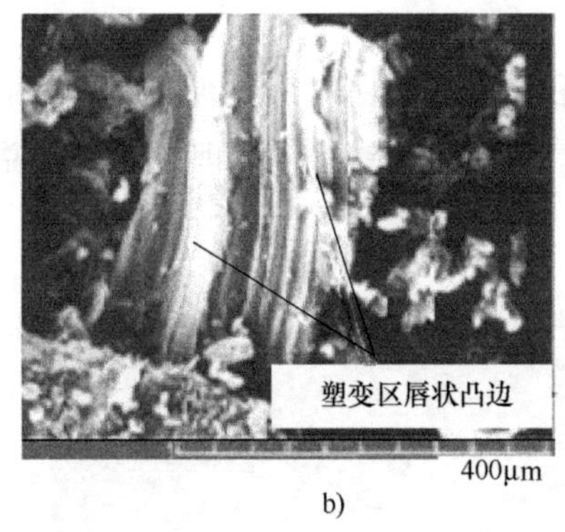

b)

图 4-2　显微沟槽两侧塑变形貌特征
a）显微沟槽　b）唇状凸边

在磨损进程中，上述的现象将反复出现，导致塑变区唇状凸边区域变得更硬、更脆。不可能进一步再发生塑性变形时，唇状凸边区域的最薄弱的部位萌生裂纹—扩展—断裂并被解体，形成磨屑，脱离基体表面，造成高铬白口铸铁基体磨损面的磨耗。

为了证实造成高铬白口铸铁基体磨损面磨耗是各种磨屑脱离基体表面所致，收集了磨屑并分析了磨屑中的铬含量。见图 4-3 和表 4-2。

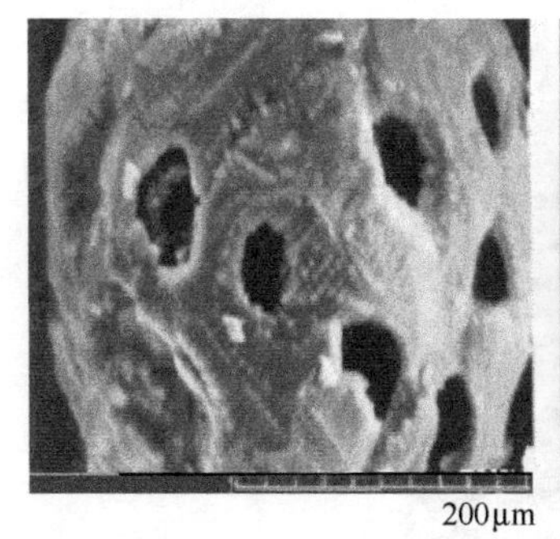

a)

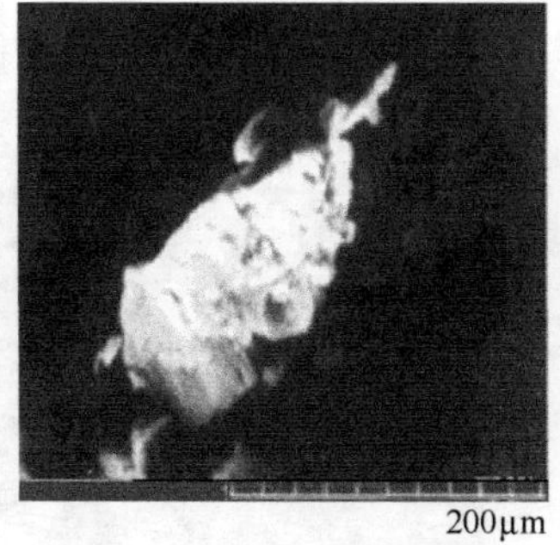

b)

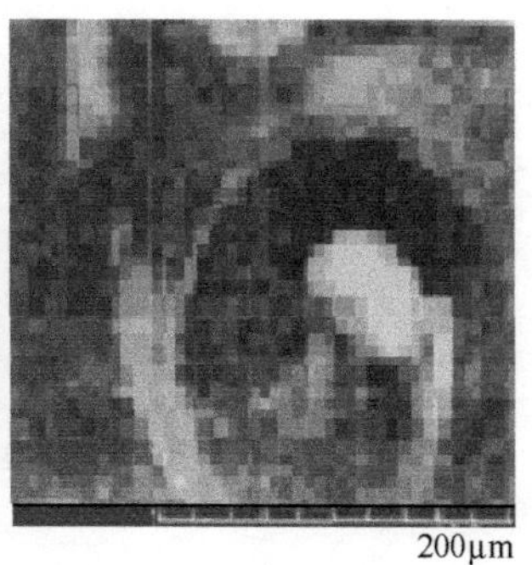

c)

图4-3　磨屑形貌特征
a）冲击疲劳磨料磨损磨屑　b）、c）显微切削磨屑

表4-2　磨屑中的铬含量

高铬铸铁成分(质量分数,%)		基体铬含量(磨损前)(质量分数,%)	图4-3a磨屑铬含量(质量分数,%)
C	Cr		
2.08	15.85	10.41	7.64

磨屑的形状特征和磨屑中的铬含量分析结果进一步证实，磨屑是高铬白口铸铁基体组织中形成并从基体组织磨损面脱离的。图4-3a是典型冲击疲劳磨屑，这是显微硬度和冶金质量远低于共晶碳化物的基体组织被坚硬磨料嵌入或压入形成的塑变压坑，经多次受到磨料的冲击所致。其形状十分类似于压坑，呈现空心半球状，磨屑中的小孔洞经检验分析（见表4-2）证实，基体组织中镶嵌较浅的二次碳化物被剥离形成。很显然高铬白口铸铁基体组织中的二次碳化物对基体的耐磨性没有起到良好作用，反而消耗基体组织中的铬和碳的含量，降低基体显微硬度，这一点在生产中应给予足够重视：既要做到高温奥氏体向马氏体转变充分，也要抑制二次碳化物析出和长大，以得到高碳高铬高硬度马氏体基体组织。图4-3b所示的显微切削磨屑，使显微沟槽两侧发生塑性流变和形成唇状凸边区域变得硬化、脆化，不可能进一步再发生塑性变形时，唇状凸边区域的最薄弱的部位萌生裂纹—扩展—断裂被解体而形成的。图4-3c所示的显微切削磨屑，是被磨料直接显微切削而形成的典型显微切削磨屑，其形状类似于车屑。图4-4和图4-5中分别列出了高铬白口铸铁在干态和湿态磨损时，磨损面显微组织特征。

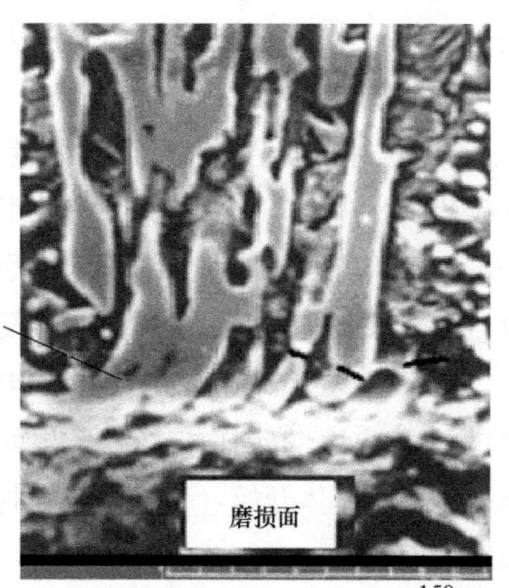

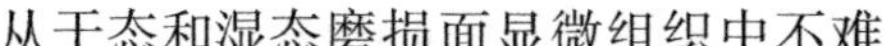
图4-4　干态磨料磨损时磨损面显微组织特征

从干态和湿态磨损面显微组织中不难

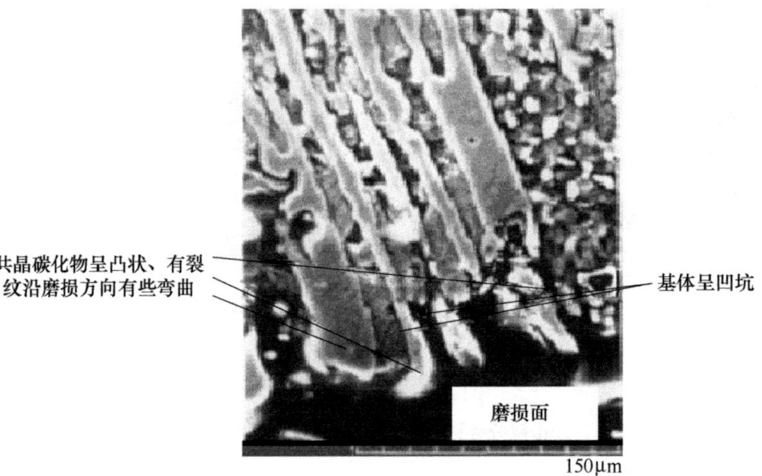

图 4-5　湿态磨损时磨损面显微组织特征

看出，共晶碳化物周围基体组织均呈现凹坑，而碳化物呈现凸状且带有稍微弯曲和裂纹，并带有即将剥离的特征，这进一步证实了高铬白口铸铁的磨损面磨耗先从基体开始，而后才是共晶碳化物弯曲—裂纹—剥落的过程。磨损中碳化物周围基体组织之所以先呈现凹坑的主要原因，是高铬铸铁的基体显微硬度、冶金质量（显微疏松、晶界夹杂物等）、电极电位等远低于共晶碳化物，其耐磨性和耐蚀性远不如抗磨相共晶碳化物所致。基体呈现凹坑即失去了“既保护抗磨相共晶碳化物又保护自己”的重任。因此，合理选择并严格控制基体组织中的碳和铬含量、提高其显微硬度和电极电位、基体组织的冶金质量（减少显微疏松、晶界夹杂物等）以及细化组织等工艺措施，是提高基体组织耐磨性和耐蚀性至关重要的环节。

综上所述可以得出如下结论：

1）高铬白口铸铁磨损面，所呈现的不同形貌的显微沟槽、显微坑、显微腐蚀坑等，是磨损面基体组织受到不同方位施力的磨料作用下，引起塑性变形而被硬化→脆化→形成磨屑→脱离磨损面而造成的。

2）从冲击疲劳显微磨屑和显微切削磨屑形貌特点和成分，可以看出显微磨屑和二次碳化物是先从高铬白口铸铁基体组织磨损面中剥落，并造成磨损面磨耗的。基体组织中的二次碳化物未能起到提高基体耐磨性和耐蚀性的作用，反而降低基体组织中碳和铬含量，降低基体显微硬度和耐磨性及耐蚀性。

3）高铬白口铸铁磨损面显微组织的特点（基体组织呈现凹坑，碳化物呈现凸状）也进一步证实，高铬白口铸铁磨损面损耗先从耐磨性、耐蚀性及显微冶金质量远不如共晶碳化物的基体开始（含二次碳化物剥落），此后凸状共晶碳化物弯曲—裂纹—断裂脱离磨损面。

4）湿态磨损面显微组织所呈现的基体组织凹坑和共晶碳化物呈现的凸状程度远比干态的严重，可以断定湿态腐蚀磨损磨耗大于干态。上述结论详见图 4-6。

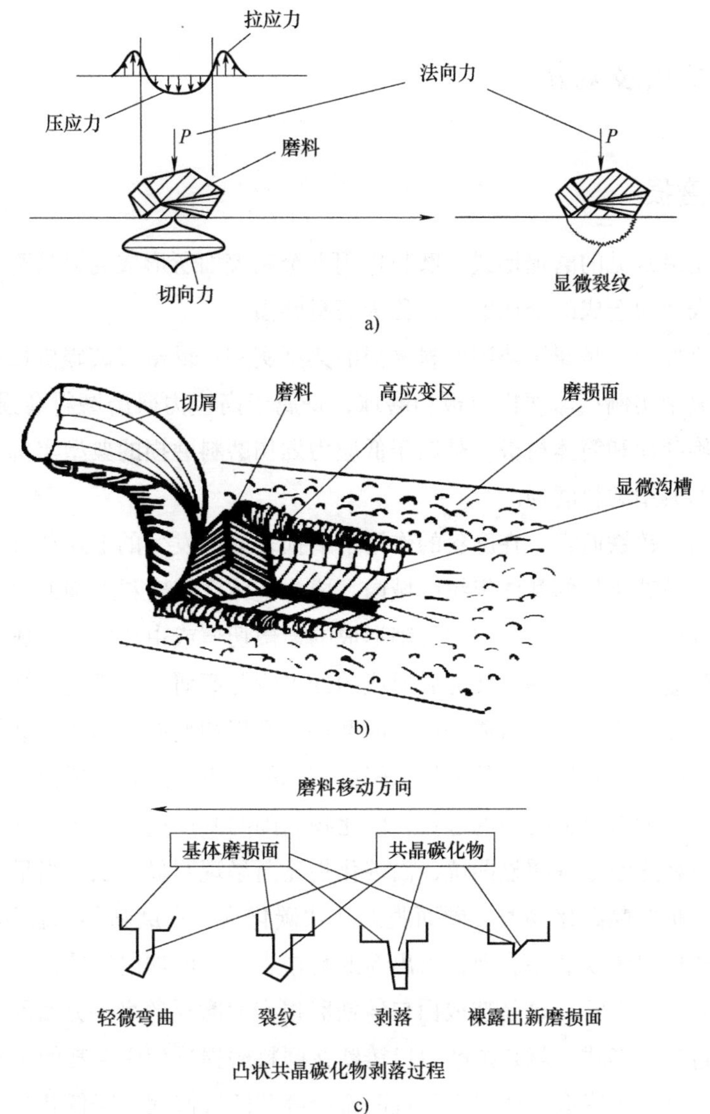

图 4-6　工件表面受力状况和由此而发生的各种现象的示意图
a）法向力的作用　b）切向力的作用　c）凸状共晶碳化物剥落过程

图 4-6 较直观地揭示了，当高铬白口铸铁磨损表面接触不同方位施力的坚硬磨料或一定速度移动的坚硬磨料时，磨损表面将受到垂直于磨损表面的法向力和平行于磨损表面的切向力：法向力迫使坚硬的磨料嵌入或压入硬度低于它的高铬白口铸铁基体磨损表面，产生压坑，其周围发生塑性变形，由此而产生拉应力、压应力，它促使压坑内裂纹的萌生—扩展而形成显微裂纹；切向力迫使嵌入或压入高铬白口铸铁基体磨损表面一定深度的磨料沿磨损面滑移，造成高铬白口铸铁基体磨损表面的显微切削，形成高应变区域、显微切削沟槽；磨损面呈现凸状的高铬白口铸铁共晶碳化物，在磨料的作用下先是有所弯曲，而后产生裂纹—扩展—剥落，脱离磨损面。

4.3 磨损特点及对策

4.3.1 磨料磨损

磨料磨损是最常见的磨损形式。磨料作用下金属表面所形成的显微磨屑或被折断碳化物脱离金属表面而造成的金属磨耗，称为磨料磨损。

颚式破碎机颚板，是属于凿削磨料磨损的典型实例；反击式破碎机板锤，是冲击疲劳磨料磨损的典型实例；球磨机衬板和磨球，是属于高应力研磨磨料磨损的典型实例；螺旋输送机螺旋叶片和筒体衬板，是属于低应力划伤磨料磨损的典型实例，也是抗磨白口铸件常遇到的典型磨料磨损。

对于抗磨白口铸铁而言，在磨料的作用下磨损表面所发生的上述种种现象均先发生在硬度远低于共晶碳化物的基体组织区域内，成为基体区域磨料磨损的显微起点。由于白口铸铁塑性变形十分有限，切向力切削形成的显微切屑或由法向力形成的压拉塑性变形区域，在受到磨料的多次冲击疲劳后形成的冲击疲劳磨屑，或不能再塑性变形的基体直接剥离金属表面形成磨屑，造成磨损表面磨耗。磨损初期的白口铸铁磨损表面，呈现共晶碳化物轻微凸出而其周围的基体组织轻微凹陷的形貌，这是造成白口铸铁磨损面表面磨耗的一方面。随着磨料磨损的进程，碳化物周围的基体由于其抗磨性或耐蚀性远不如共晶碳化物，将逐渐呈现明显凹坑，而碳化物逐渐呈现明显凸状。当呈现凹坑的基体不能再支撑和保护共晶碳化物时，硬而脆的凸状碳化物，在磨料的综合作用下先弯曲、后被折断，脱离白口铸铁磨损表面，露出新的磨损表面，增加白口铸铁磨损表面的金属磨耗（见图 4-4 和图 4-5），这是造成白口铸铁磨损表面磨耗的另一方面的原因。而这种磨损表面磨耗过程和形式，就是抗磨白口铸铁在磨料磨损过程中磨耗的基本机制。

综上所述不难看出降低基体组织呈现凹坑速度和凹坑截面、降低共晶碳化物呈现凸状速度和减少其长度和截面积、降低露出新磨损表面的频率，是提高抗磨白口铸件抗磨料磨损性能最有效的途径。

图 4-7 中分别列出了高铬白口铸铁磨料磨损面形貌和磨屑形貌及磨损面显微组织特征。

需要指出的是塑性较好的奥氏体基体，在磨料的作用下所形成显微沟槽深而宽又长，显微沟槽两侧发生塑性流变和塑性形变的区域宽而长，显微切屑厚而长，因而磨损表面的损耗远大于马氏体基体。

研究结果表明，在磨料的作用下金属表面上所发生的种种现象，其程度和由此而造成的金属表面的损耗程度与金属材料的显微硬度和断裂韧度有密切的关系，金属材料的显微硬度低则磨料嵌入金属表面深度深、压坑大、塑性变形量大、显微切削厚而长、显微沟槽深而宽又长；金属材料的断裂韧度低则压坑周围和底部易发生裂纹萌生—扩展过

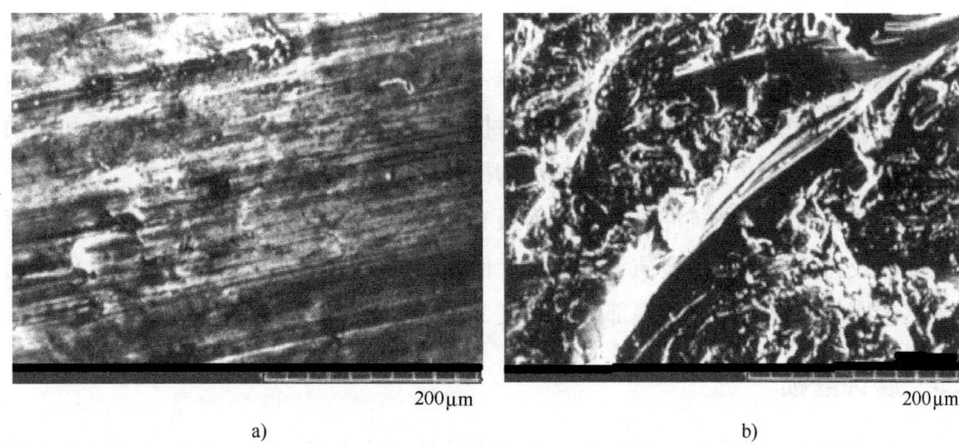

a)　　b)

图 4-7　高铬白口铸铁磨料磨损面形貌

a）高铬白口铸铁磨料磨损面形貌　b）高铬白口铸铁磨料磨损面显微组织特征

程，且裂纹密集、裂纹长，磨损表面的磨耗增加，反之则相反。这与 B. R. Lawn 和 M. V. Swain 曾提出过的脆性材料磨屑形成机制相一致，即磨料在表面滑动所去除的材料体积与 $K_c^{3/4} \cdot H^{1/2}$（K_c为断裂韧性，H 为硬度）乘积成反比；也与 $H_U/H_a>0.8$（H_U 为磨后金属材料表面硬度；H_a 为磨料硬度）时，材料耐磨性能提高相一致。

不难看出提高金属材料抗磨料磨损性能最有效的途径，是设法提高材料显微硬度和断裂韧性、细化材料组织、提高材料的纯净度和致密度，因此在研究和探讨抗磨白口铸铁的磨料磨损时，必须要考虑材料硬度，尤其是基体组织的显微硬度和断裂韧性的影响。实际生产中要采用提高抗磨白口铸铁基体组织显微硬度和断裂韧性的工艺措施，降低磨料压入表面深度和压坑大小及所形成裂纹的长度，降低基体组织呈现凹坑速度、共晶碳化物呈现凸状速度以及露出新磨损表面的概率，以提高抗磨白口铸铁的抗磨料磨损性能。

4.3.2　冲刷磨损

冲刷磨损是磨料磨损范畴内的一种常见的又具有自身特点的典型磨损形式。当金属表面接触含有固体颗粒、并伴有几乎单一方向高速流动无腐蚀气体介质时，金属表面将受到高速流动的气体冲刷和高速流动气体介质赋予的高动能磨料的磨料磨损，造成金属的磨耗，这种条件下金属的损耗称为冲刷磨损。

冲刷磨损的宏观磨损表面多数呈现光滑平整，而其显微磨损表面多数呈现不同程度凸凹不平的显微沟槽，如图 4-1b 所示，这与金属表面高速流动的气体介质赋予的高动能磨料，对金属表面显微切削程度不同有关。随着含有固体颗粒气体介质对金属表面的冲刷角度增加，被高动能磨料显微切削而形成显微沟槽深度和宽度增加，反之则相反。很显然在特定的冲刷磨损条件下，提高材料显微硬度、细化组织、提高材料的纯净度和致密度，是提高抗冲刷磨损性能的有效途径。

抛丸机喷嘴、锅炉喷煤用喷嘴、输送各类固体颗粒的耐磨管和管件等的磨损是冲刷磨损的典型实例。图 4-1b 显示了马氏体高铬铸铁抛丸机喷嘴经冲刷磨损的磨损表面形貌。从抛丸机喷嘴磨损形貌中明显看出，磨损面因受到几乎同一方向气体介质和高动能钢丸的高速冲刷，形成了不同形貌的显微沟槽。

提高抗磨白口铸铁件抗冲刷磨损能力最有效的措施，是设法提高材料的宏观硬度和显微硬度以及铸件材质的冶金质量。根据工件磨损的部位，也可采用表面合金化或局部硬化等工艺措施，提高冲刷磨损部位的硬度，从而提高工件的抗冲刷磨损的能力。

4.3.3　腐蚀磨损

当金属表面接触含有固体颗粒的活性或腐蚀性液体介质，且介质来自不同方位施力时，金属表面将受到液体介质腐蚀和不同方位施力的磨料的磨料磨损，同时又受到两者交互作用，加速腐蚀和磨料磨损进程，造成金属表面的磨耗。这种条件下金属的损耗称为腐蚀磨损。

液体腐蚀介质与工件表面接触时，其表面将发生化学或电化学反应，并产生腐蚀物，它与工件表面的结合力一般较弱，与介质中的磨料相互作用，使腐蚀物容易被磨料磨掉，工件露出新的表面，又为液体介质腐蚀提供了新的条件。这样腐蚀—磨料磨损—再腐蚀地持续作用，使液体腐蚀磨损的金属损耗远高于干态磨损。湿式球磨机衬板和磨球、混凝土搅拌机叶片和衬板、选矿设备易损部件等，都是抗磨白口铸铁常遇到的典型腐蚀磨损的实例。

图 4-5 显示了高铬白口铸铁在腐蚀磨损过程中，磨损面基体组织呈现凹坑，共晶碳化物呈现凸状并有弯曲和裂纹以及将要剥落的磨损面显微组织特征。

从高铬白口铸铁腐蚀磨损面形貌不难看出，共晶碳化物周围的基体组织，由于其显微硬度和电极电位远低于共晶碳化物，加之基体组织区域有时可能存在显微疏松和显微夹杂物等铸造缺陷，其耐蚀和耐磨性远不如共晶碳化物，基体组织区域将成为腐蚀磨损的起点。随着腐蚀磨损的进程，基体组织区域逐渐呈现凹坑并加深，而耐蚀和耐磨性远优于基体的共晶碳化物，逐渐凸现出来并加长，显微磨损面呈现凹凸不平的磨损形貌。当基体凹坑不能再支撑和保护共晶碳化物时，硬而脆呈凸状共晶碳化物，在磨料的综合作用下，先是轻微弯曲，然后被折断并脱离金属表面，同时又露出了新的磨损表面。

腐蚀磨损中，抗磨白口铸铁磨损的表面，由于反复受到介质腐蚀和磨料磨损，以及两者的交互作用，共晶碳化物周围基体呈现凹坑和共晶碳化物呈现凸状的速度和露出新磨损面的概率远高于干态磨料磨损，因此腐蚀磨损的金属损耗远大于干态磨料磨损。

不难看出提高抗腐蚀磨损最有效的途径，是提高基体组织的耐蚀性（如：形成坚实致密钝化膜、提高电极电位等），提高基体组织的显微硬度、细化组织、提高材料的纯净度等（减少夹杂物和有害气体）和致密度（减少显微疏松等），以减少基体组织与共晶碳化物之间的耐蚀性和耐磨性的差距。

值得指出的是，由于介质和磨料的多样性及介质和磨料对工件作用的多样性、抗磨铸件所用材料的多样性、再加之磨料磨损与介质腐蚀的交互作用的多样性等原因，腐蚀磨损涉及的因素繁多，腐蚀磨损的机理更为复杂，很难描述概括上述诸因素的腐蚀磨损机制，尽管如此许多冶铸工作者仍在进行不懈的努力研究和试验。

尽管腐蚀磨损十分复杂，涉及的因素繁多，但金属材料本身的耐蚀性是最重要因素。金属材料的耐腐蚀磨损性能与其表面所形成的氧化膜的物化特性有着密切的关系，如氧化膜致密性、氧化膜的厚度、氧化膜类型、氧化膜性质等。厚度适宜、硬质致密的氧化膜覆于材料表面，在磨料的滑动摩擦过程中不易被抹去，并能抑制氧进一步侵入，有利于提高材料的耐腐蚀磨损性能。氧化膜过厚容易开裂，难以发挥其保护作用。

就抗磨白口铸铁件而言，为了提高其抗腐蚀磨损性能：一是合理有效地利用铬、硅、铜等元素，促使其磨损面形成致密的氧化膜；二是合理有效地利用铬、硅、镍、铜等合金元素强化基体，有效提高基体显微硬度；三是合理有效地利用铬、硅、镍、铜等元素，显著提高基体组织的电极电位，有效降低与共晶碳化物之间的电极电位差，降低电化学腐蚀倾向。

生产实践表明，强酸介质（pH 4.0）中铬和硅对高铬白口铸铁提高抗腐蚀磨损性能的贡献是显著的。基体中铬的质量分数大于 12.5%时，在强酸介质中（pH 4.0）仍能显示出良好的抗腐蚀磨损性能。

就相同基体而言，以马氏体为例，在马氏体内所含有的铬、镍、铜、硅等元素含量高者，其抗腐蚀磨损性能就高，反之则相反。抗磨白口铸铁件中共晶碳化物的耐蚀性，远优于基体组织，因此，合理有效地提高基体组织中铬、硅、镍、铜等元素的含量，就能提高基体组织的耐蚀性，这是提高抗磨白口铸铁件耐蚀性能的有效途径。

4.3.4　冲蚀磨损

当金属表面接触向不同方位高速流动的含有固体颗粒的活性或腐蚀性液体介质时，金属表面不仅受到高速流动的活性或腐蚀性液体介质冲击腐蚀，还受到高速流动的活性或腐蚀性液体介质赋予的高动能磨料的磨料磨损，同时又受到两者交互作用，加速腐蚀和磨料磨损的进程，造成金属表面磨耗。不含固体颗粒的活性或腐蚀性液体介质在这种情况也会造成金属表面磨耗。这些情况下的金属的损耗称为冲蚀磨损。冲蚀磨损是腐蚀磨损范畴内的一种常见的具有自己特点的典型的磨损形式。

冲刷磨损与冲蚀磨损的磨损面都接触高速流动的介质和它所赋予的高动能磨料，这是两者的相似之处，只是与金属表面高速流动的介质不同，前者是无腐蚀性的气体介质，而后者是有腐蚀性液体介质，因而前者可以忽略介质的腐蚀磨损，这就是冲刷磨损与冲蚀磨损最大的区别。

冲蚀磨损与液体介质和工件表面相对运动的流速和冲击角度有着密切关系，流速越高、磨料冲击角越大，工件表面金属损耗就越大。含有固体颗粒的液体介质，流速越高冲击角度越大，磨粒嵌入金属表面越深、切削能力越强，工件表面金属磨损量就增加。生产实践证明冲蚀磨损速率远大于一般磨料磨损和腐蚀磨损速率。图 4-1a 中列出了马氏体高铬白口铸铁杂质泵叶轮冲蚀磨损的磨损表面形貌。

从图 4-1a 磨损表面可以看到显微沟槽、冲蚀坑、鱼鳞状等不同磨损面形貌特征，这与杂质泵叶轮旋转、其磨损面与高速流动液体腐蚀介质和高速流动的高动能磨料接触方位不断变化有着密切关联，当叶轮磨损面与液体腐蚀介质和磨料平行方位接触时，磨损面被磨料显微切削形成显微沟槽；当叶轮磨损面与液体腐蚀介质和磨料有一定角度接触时，磨损面将受到液体腐蚀介质和磨料的腐蚀和冲击，迫使坚硬磨料嵌入或压入其硬度和冶金质量远不如共晶碳化物的基体组织内，形成冲击腐蚀坑；当叶轮磨损面与液体腐蚀介质和磨料接近 90°接触时，磨损面将受到液体腐蚀介质腐蚀和高浓渡磨料的冲击，迫使坚硬磨料嵌入或压入其硬度和冶金质量远不如共晶碳化物的基体组织内，形成密集冲击腐蚀坑，与此同时受到气蚀磨损，使密集冲击腐蚀坑相互连接，形成鱼鳞状形貌。

在液体腐蚀介质特性相同的条件下，金属表面流动的液体腐蚀介质速度越高，液体腐蚀介质赋予磨料的动能也越高，金属冲蚀磨损进程速度就越快，金属磨耗就越大。杂质泵过流部件、挖泥船用泵过流部件、耐酸泵过流部件、水轮机转子等，都是属于冲蚀磨损的典型实例。

为了提高抗磨白口铸铁的抗冲蚀性能，根据液体腐蚀介质的特性（固体颗粒的含量、流速、冲刷角度、pH 值等），合理选择细晶粒、高硬度及冶金质量优异的既耐蚀又抗冲击的基体组织是十分重要的。

第 5 章　提高抗磨白口铸件的使用性能

5.1　抗磨白口铸铁铸件失效的主要因素与防止

抗磨白口铸铁件在使用过程中失效的主要原因，一是由于受到磨料磨损、腐蚀磨损和冲蚀磨损及冲刷磨损等，使铸件几何形状和尺寸变化较大（含局部磨损），铸件不能再满足技术要求而失效；二是磨损过程中由于反复受到不同方位施加的压应力或拉应力作用，促使铸件裂纹萌生—扩展—断裂，导致铸件失效。因此，抗磨白口铸铁件的耐磨性和抗裂纹萌生—扩展—断裂能力，是衡量抗磨白口铸铁件使用性的主要指标。

多年的生产实践表明，要使抗磨白口铸铁件具有良好的安全、可靠、耐久、经济的使用性能，在抗磨白口铸铁件生产中应做到如下几点：一是所选用抗磨白口铸铁的材质类型要满足工况磨损特点和服役环境，以达到抗磨耐久目的；二是抗磨白口铸铁件要具有良好的综合性能，在一定冲击载荷下显示良好抗裂纹萌生—扩展—断裂的能力，以达到安全可靠的目的；三是抗磨白口铸铁件要具有优质的品位（铸件组织要细化、纯净化、近净化、健全化）和适宜的性价比，以获得良好的经济效益。

其中，抗裂纹萌生—扩展—断裂的能力，是直接影响抗磨白口铸铁件使用性能是否安全、可靠、耐久、经济的前提，是最重要的影响因素。因为抗磨白口铸件一旦断裂失效，就无从再谈起其他的使用性能。然而，至今还不能用可信、公认的方法，以量化的试验数据，确切表述抗磨白口铸铁抗裂纹萌生—扩展—断裂的能力，大多用所测定的冲击吸收能量来试图表述。然而，抗磨白口铸铁件在实际使用过程中的裂纹萌生—扩展—断裂是需要一段时间、一个过程的，与冲击试样断裂过程截然不同。显然用一瞬间断裂而获得的冲击吸收能量来表述抗磨白口铸铁件抗裂纹萌生—扩展—断裂的能力是不够准确也不够全面的，正因如此，国内外相关标准中明确规定冲击吸收能量不宜作为评价和衡量抗磨铸件韧性的技术指标，也不作为抗磨铸件的验收指标。

有研究工作者用 K. H. Zum-Gahr，William 等所提出的断裂韧性指标来表述高铬白口铸铁抗裂纹萌生—扩展—断裂的能力。这种表述方法比前者要确切些，其试验数据的重现性比前者好；然而也有人提出质疑，因为铸件上普遍存在或多或少的夹杂物、显微疏松、显微裂纹等铸造缺陷，实际上，铸件内部已有众多裂纹源，产生裂纹萌生的条件已具备。尽管如此，断裂韧性指标与冲击韧性指标相比，更能比较客观地反映抗磨白口铸铁件裂纹萌生—扩展—断裂的过程，用它表述抗磨白口铸件抗裂纹萌生—扩展—断裂能力，较冲击吸收能量更合理些。

生产实践表明，抗磨白口铸件的抗裂纹萌生—扩展—断裂能力和耐磨性，与材料的化学成分、组织组成及其物化特性、纯净度（夹杂物含量和级别、有害气体含量）、铸件制造工艺（近净化程度）、铸造质量健全程度、工况条件等诸多因素有着密切关联。在特定的工况条件下，抗磨白口铸铁件的使用性能，与选材的合理性、合金的主要组成及主要成分的优化控制、基体组织和抗磨相共晶碳化物特性优化程度（如基体组成和含量以及其主要合金元素的浓度、基体显微硬度、抗磨相共晶碳化物的结构、尺寸、形状和分布、显微硬度等）、铸件纯净化程度（如夹杂物含量与级别、尺寸、形状和分布、有害气体含量）、铸件近净化与健全化程度（如表面粗糙度、尺寸公差级别、几何形状和轮廓清晰程度、铸造的宏观缺陷和显微缺陷）、组织和性能均匀性等诸多因素有着直接关系。

通过多年来的研究和生产实践总结，提出了提高抗磨白口铸铁件抗裂纹萌生—扩展—断裂能力和耐磨能力，即提高抗磨白口铸铁件安全、可靠、耐久、经济的使用性能工艺措施。

5.2 成分合理与组织细化

抗磨白口铸铁件的成分合理与组织细化是影响抗磨白口铸铁件使用性能的第一要素。

根据工况条件和磨损特点，抗磨白口铸铁件成分的选择要科学、合理、正确，以满足工况使用环境和磨损特点，同时针对铸件结构特点，要认真进行成分设计并严格控制，为优质抗磨白口铸铁件提供最佳的铁液凝固热力学条件，从而获得理想的细化组织和优良的综合力学性能，这是生产优质抗磨白口铸铁件的首要环节，也是必须具备的第一要点。

就亚共晶高铬抗磨白口铸件而言，化学成分是决定基体组织的组成和含量及物化特性（基体组织中合金元素的含量、晶粒大小、显微硬度、电极电位等）和共晶碳化物特性（结构、含量、尺寸和形状及分布、间距、显微硬度等）、合金综合力学性能、铸造工艺性能的最关键的冶金因素，在生产中应给予足够的重视。

5.2.1 优化成分设计严控波动范围

多年来的生产实践表明，抗磨白口铸件成分在科学、合理、准确的前提下，依据抗磨白口铸件的结构特点，优化设计材质成分和严格控制其波动范围，是保持稳定抗磨白口铸件质量的首要环节。以高铬白口铸件为例，同一铸件不同炉次的主要成分，如碳的质量分数波动要严格控制在 C<0.05%、铬的质量分数波动要严格控制（在铬碳化>4 的前提下）Cr<0.2%，并控制 Mo、Ni、Cu、Si、Mn 等辅助元素的质量分数波动范围<0.05%；同时，要严格控制必需微量元素的质量分数及波动范围，如用 RE

孕育+变质处理或微量合金化时，其质量分数要控制在 0.025%～0.03%，不得超过 0.04%，以防增加 RE 夹杂物。又比如，用铝进行终脱氧时，其含铝的质量分数要控制在 Al<0.04%，以防增加氮化铝等夹杂物导致铸件更脆。再如，用硼钛孕育+变质处理或微合金化时，硼的质量分数要控制在 0.003%～0.004%，不宜超过 0.005%，钛的质量分数控制在 0.01%～0.015%等。

有害元素的质量分数应控制在工艺能力的最低水平，如硫和磷控制得越低越好（质量分数<0.05%）。又如，氧氢氮等有害气体含量原则上要求控制得越低越好，氧+氢的质量分数要控制在$<30\times10^{-4}\%$；氮含量要$<30\times10^{-4}\%$（除必需的含氮材料除外）。

严格控制化学成分的波动范围的主要工艺措施归纳为：一是要靠正确掌握所用炉料的准确成分；二是要靠正确掌握铸造熔炼过程中诸合金元素增减规律；三是要靠准确配料计算，准确确定炉料组成比例，并准确其加入量；四是要在熔化过程中快速检验成分，并依据其结果及时调整至最佳成分；五是采用合理的熔化工艺，严格控制熔化时间和温度（防止元素烧损）等。

多年来生产实践表明，用中频感应电炉熔化高铬白口铸铁时，只要认真实施上述的相关工艺措施，化学成分的波动范围可控制在要求的最佳范围内。

5.2.2　共晶碳化物的细化与结构、形状和分布的改善

以亚共晶高铬白口铸铁件为例，严格控制共晶碳化物的理想状态为：100%共晶碳化物呈现 M_7C_3 型的结构，根据铸件使用环境和磨损特点，适宜控制其含量（质量分数为 25%～35%）；其间距要小、尺寸要适当（最大长度不超过 120μm），孤立状均匀分布于基体组织内，其周长和形状因子要大，以增强与基体组织有机连接性；其显微硬度要大于 1400HV，并具有一定韧性（在磨损过程中能够呈现稍微弯曲）等，使共晶碳化物成为理想抗磨相。

共晶碳化物的特性要达到上述要求，在生产中应做到：一是要靠化学成分的优化设计和严格控制，根据铸件结构和使用环境选择适宜铬碳比且要大于 4，并控制钼、铜、镍等辅助合金元素和微合金化元素（B、Ti、RE、V、Nb 等）含量适宜。随着碳化物含量的增加，动态断裂韧性 K_{Id}降低，因此，控制碳化物含量适宜是十分重要的。二是根据铸件结构特点有的放矢地采用如前所述的“细化共晶碳化物和改善其形状及分布”的相关工艺措施，以达到细化共晶碳化物、增大其周长和形状因子、改善其形状（孤立状）及分布（均匀）的目的。

5.2.3　基体组织的细化

根据磨损特点，高铬白口铸铁的基体组织可选奥氏体、马氏体、贝氏体、马氏体+奥氏体、马氏体+贝氏体+奥氏体等混合基体组织。

基体组织是抗磨白口铸铁组织中的抗磨弱相，但它对抗磨相共晶碳化物的支撑和保

护作用却不可低估，当基体组织细且显微硬度高时，磨损面基体组织不易被磨料磨损过早地呈现凹坑，能较好保护抗磨相共晶碳化物，在磨料磨损过程中将显示较好的耐磨性。当基体组织粗且显微硬度低时，磨损面基体组织易被磨料磨损过早呈现凹坑，抗磨相碳化物就易呈现凸状，易发生裂纹的萌生—扩展—断裂（剥落），加快从磨损面上剥离，基体组织就难以保护抗磨相碳化物，在磨料磨损过程中将显示较差的耐磨性。碳化物剥离后，其周围基体组织暴露出新表面，加速了磨损过程的进程。不难看出，基体组织与碳化物之间存在着相互支撑和保护作用以及相互关联的双向性。基体组织有效地抑制脆性裂纹从一个共晶碳化物向另一个共晶碳化物扩展，同时还能有效地把裂纹钝化和吸收。裂纹钝化能力在很大程度上提高了高铬白口铸铁的断裂韧性，因为裂纹总是穿过基体组织而扩展。K. H. Zum-Gahr 指出裂纹在奥氏体中的扩展比在马氏体中扩展困难，故奥氏体的断裂韧性较高。

以马氏体基体组织为例，当高铬白口铸铁基体组织中马氏体（M）的体积分数大于90.0%，残留奥氏体（$A_{残}$）的体积分数小于10.0%，晶粒度大于6级，马氏体组织内铬含量（质量分数为9.0%~14.0%）、碳含量高，马氏体显微硬度大于720HV，基体组织与共晶碳化物相互紧密有机连接时，高铬白口铸铁将显示良好的耐磨性和使用性能。马氏体高铬白口铸铁基体组织要达到上述指标，除了要采用前述的“共晶碳化物的特性要严格控制的工艺措施”，还要采用最佳的硬化热处理工艺。

达到上述基体组织物化特性的关键指标，还需根据铸件结构和成分，确定和控制最佳加热速度、奥氏体化温度、保温时间，脱稳过程和程度、冷却速度等热处理工艺参数。

高铬白口铸铁的导热性较差，并在550℃左右时有突然体积膨胀现象，铸件热处理加热速度不宜过快，一般控制在<80℃/h，加热到550℃左右时要保温（每25mm壁厚保温1h计算），此后加热到最佳奥氏体化温度时，加热速度控制在<100℃/h为宜。结构复杂、壁厚相差较大的中大型高铬白口铸铁件，加热速度应控制得再慢一些。

大量研究和生产实践结果表明，高铬白口铸铁最佳奥氏体化温度，由 $w(Cr)/w(C)$ 或 $w(\Sigma M)/w(C)$ 确定为宜。ΣM为合金中含有的Cr、Mo、W、V、Nb、Ti等形成碳化物元素的总含量。

当 $w(Cr)/w(C)$ 或 $w(\Sigma M)/w(C)$ 为6.6~7.3时，淬火温度为1010~1020℃；当 $w(Cr)/w(C)$ 或 $w(\Sigma M)/w(C)$ 为7.6~8.3时，淬火温度为1030~1040℃；当 $w(Cr)/w(C)$ 或 $w(\Sigma M)/w(C)$ 为8.6~9.3时，淬火温度为1050~1060℃；当 $w(Cr)/w(C)$ 或 $w(\Sigma M)/w(C)$ 为9.6~10.5时，淬火温度为1070~1080℃。

当 $w(Cr)/w(C)$ 或 $w(\Sigma M)/w(C)$ 不在上述范围内时，要寻找与上述范围接近的温度，如当 $w(Cr)/w(C)$ 或 $w(\Sigma M)/w(C)$ 为8.4或8.5时，最佳温度可选1040~1050℃，以此类推。

奥氏体化保温时间，按每25mm铸件壁厚保温1h计算为宜。

当高铬白口铸件加热至热处理工艺所规定的最佳奥氏体化温度和保温时间时，碳、铬等元素在奥氏体内始终存在，时而溶解、时而析出（脱稳），以保持高温奥氏体的平衡。当铸件出炉冷却时，由于高铬白口铸铁中含有的碳、铬较高，再加之其他辅助元素的作用，已被碳、铬等稳定奥氏体化元素过饱和的高温奥氏体，随着温度的下降，将析出多余的碳、铬等元素，形成二次碳化物，以保持奥氏体的平衡，这种过程称为脱稳过程。随着脱稳过程的进展，奥氏体的稳定性降低，同时合金的 *Ms* 点和 *Mf* 点温度提高到室温以上，有利于奥氏体向马氏体转变，有利于获得马氏体基体组织。正如图 2-6 所示高铬铸铁脱稳处理前后的奥氏体等温转变图，可以看出经脱稳处理后，*Ms* 点提高到 253℃，马氏体转变 50%温度提高到 165℃。

图 5-1 所示为不同铬碳比的试样在 900℃、1000℃、1100℃奥氏体化处理对 *Ms* 点的影响。

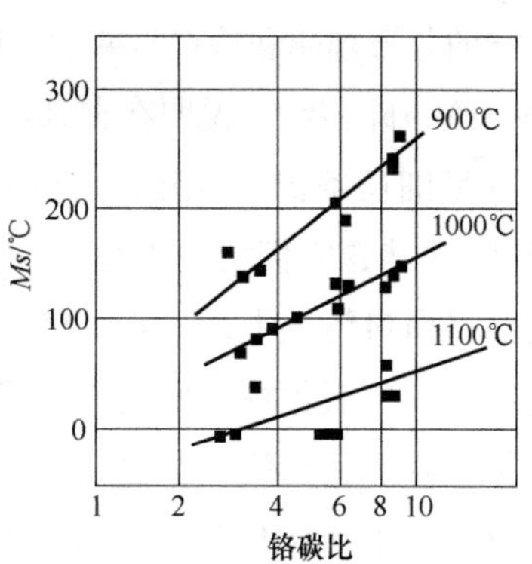

图 5-1　铬碳比不同试样在 900℃、1000℃、1100℃奥氏体化处理对 *Ms* 点的影响（1100℃保温 100min）

在化学成分特定的前提下，过饱和高温奥氏体脱稳过程和脱稳程度与不同温度下的冷却速度、冷却时间有着密切关系。高温冷却越快，奥氏体中析出的碳、铬等元素就越少、形成二次碳化物的量就越少，脱稳过程进展得就越慢、脱稳程度就越低，反则就相反。高温下冷却速度过慢，会导致高温奥氏体脱稳程度过于充分，促使奥氏体高温转变，易形成珠光体基体组织，尤其是厚壁铸件，为了防止这种现象的发生，在高温下采用较快的冷却速度，适宜控制脱稳程度十分必要。根据铸件壁厚和季节温度的变化，高温下冷却时，可以采用空冷、风冷或喷雾等适宜的冷却方法。

当铸件冷却到 *Ms* 点以上，约 550℃时，要采用较慢的冷却速度（自然空冷），即 550℃~*Ms* 温度区域内要采用较慢的冷却速度（自然空冷），促进脱稳过程进展得较快、脱稳程度适宜，以便获得碳铬含量较高、显微硬度较高（>720HV）、晶粒细化的马氏体基体组织。

值得指出的是当脱稳处理不够充分，组织中含有较多残留奥氏体（体积分数>15.0%）和硬度偏低时，可采用适宜的亚临界处理工艺，通过二次硬化过程提高硬度，即通过缓慢加热至适宜亚临界处理温度、充分保温、适宜冷却等过程，将使残留奥氏体中的碳、铬等元素析出形成二次碳化物，降低残留奥氏体中的碳、铬等元素含量，降低奥氏体稳定性。同时合金的 *Ms* 点提高到室温以上，为残留奥氏体向马氏体转变创造了充分条件，可获得马氏体为主的高硬度高铬白口铸铁。

综上所述，优化设计高铬白口铸铁成分并严格控制其波动范围、细化共晶碳化物，改善其形状和分布、细化基体组织，将成为有效提高抗磨铸铁件抗裂纹萌生—扩展—断裂能力和耐磨性，提高抗磨白口铸铁件安全、可靠、耐久、经济的使用性能的第一要素。细化晶粒是当今工程材料的发展趋势，也是研究热点，高铬白口铸铁也不例外。

5.3 铸铁件纯净化

高铬白口铸铁的纯净化是影响抗磨铸件使用性能的第二要素。

图 5-2 所示为高铬白口铸铁显微夹杂物内含有的多种化学元素电子探针面扫描分析结果。从图中不难看出，形貌不规则长条状夹杂物分布在晶界上，严重割裂晶界有机连接，从而影响高铬白口铸铁性能。高铬白口铸铁显微夹杂物中，所含有的元素较多，各元素的分布规律和特点与夹杂物形状颇为相似。按其含量高低可排列的顺序为，氧→锰→铬→硫→硅→钼。说明在夹杂物中锰和铬的氧化物较多（呈长条状），也含有硅的氧化物（呈细长条状），钼的氧化物少，在夹杂物中硫的化合物（硫化锰）含量也较高并呈条状+块状，它们均共生在同一个夹杂物内。以稀土为微量合金元素或孕育+变质处理的高铬白口铸铁中，当残留稀土的质量分数超过 0.04%时，显微夹杂物中常存在稀土硫化物、稀土氧化物、稀土金属间化合物等夹杂物。随着稀土残留量增加，其含量和尺寸增加、其形状和分布恶化，这严重影响了高铬白口铸铁强韧性和耐磨性。当残留铝的质量分数大于 0.04%时，也易形成氮化铝等脆性夹杂物，分布在晶界上，同样也严重影响了高铬白口铸铁强韧性。

高铬白口铸铁中的有害元素和有害气体含量，尤其是氧、氮、硫、磷含量，残留铝和残留稀土含量超标时，它们将成为形成各类夹杂物的最危险的根源，在生产中应给予足够重视。夹杂物的有害作用主要表现在：一是分布在晶界中的夹杂物，会割裂晶界，严重降低晶界的有机连接，降低合金材料的综合力学性能；二是铸件在磨损过程中，夹杂物处易成为应力集中的起点，引起应力集中，促使裂纹萌生—扩展，增加裂纹源或疲劳源，降低抗断裂韧性；三是磨损过程中夹杂物处易成为磨料磨损或腐蚀磨损的起点，加速铸件的局部磨耗；四是夹杂物会降低材料的位错密度和位错阻力及相变速率，降低

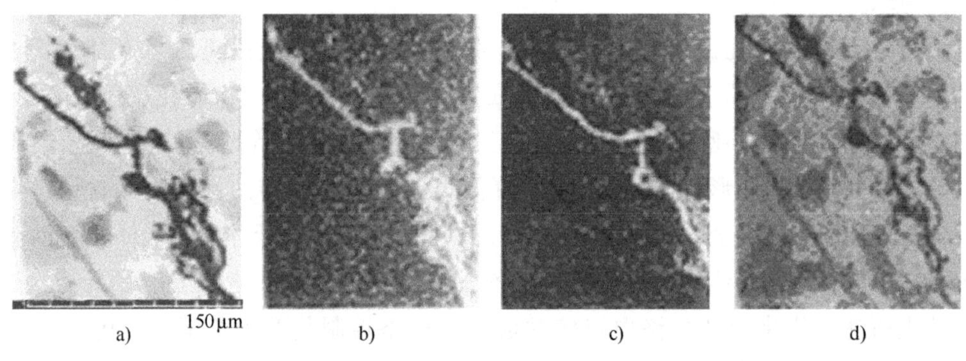

图 5-2　高铬白口铸铁夹杂物电子探针面扫描分析结果

a）背景　b）O　c）Mn　d）Fe

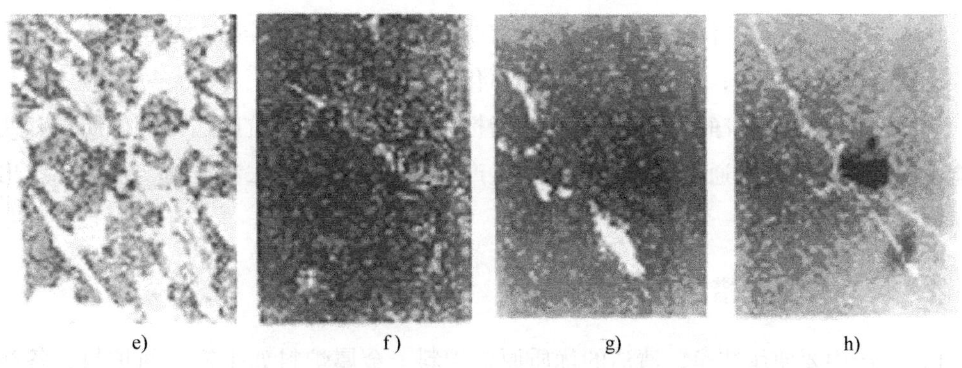

图 5-2 高铬白口铸铁夹杂物电子探针面扫描分析结果（续）
e）Cr f）Mo g）S h）Si

注：分析试样取自于用酸性炉衬中频炉熔化，未经任何净化措施的铸态高铬白口铸铁 Y 型试样底部。其主要化学成分（质量分数）为 C 3.18%、Mn 0.89%、Si 1.02%、Cr 18.2%、Mo 0.54%、P 0.042%、S 0.044%、O 92×10^{-4}%、N 120×10^{-4}%、H 5×10^{-4}%。

材料加工硬化效果，使耐磨性显著降低，这在奥氏体锰钢上尤为突出。夹杂物就像肉中刺，将严重恶化高铬白口铸铁件安全、可靠、耐久、经济的使用性能。正因如此，国内外在研究相关工程材料和生产相关铸件中，早已十分重视且严格控制夹杂物形成元素及其含量。

图 5-3 和表 5-1 中分别展示了早在 1979—1989 年，在工程材料中控制氧、氢、氮含量的情况和纯净钢种中控制易形成夹杂物元素的情况。

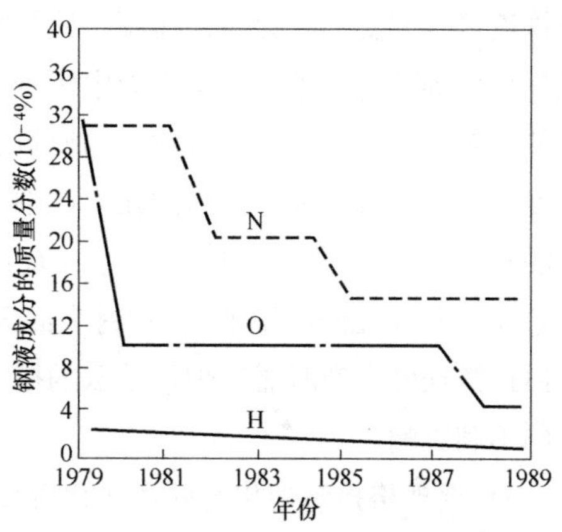

图 5-3 1979—1989 年，在工程材料中控制氧、氢、氮含量的情况

表 5-1 超纯净钢中夹杂物元素含量（质量分数，10^{-4}%）

元素	平均值	最好水平
C	≤20	≤10
S	≤10	≤2
P	≤30	≤20
O	≤10	≤4
N	≤20	≤15
H	≤2	≤0.8

铸件纯净化、改善晶界冶金质量，早已成为冶铸工作者十分关注的热点，也是提高铸件使用性能的关键措施之一。抗磨白口铸铁件纯净化，主要指铸件中的氧、氢、氮、磷、硫、稀土、铝等易形成夹杂物的元素含量要控制在最低极限，使铸件内夹杂物含

量、尺寸、形态和分布等关键冶金指标要控制在相关标准的最佳指标范围内，只有这样所生产的抗磨白口铸件，才可称为优质纯净化的抗磨铸件。

抗磨白口铸件的纯净化和纯净化相关指标，是衡量和评价抗磨白口铸件质量和使用性能不可忽视的要素。通过多年来研究和生产实践，不断总结去粗取精，最终总结出了纯净化工艺措施和指标。

5.3.1 纯净化工艺措施

1）生产中要使用纯净、清洁的优质原辅炉料。金属炉料如生铁、回炉料、各类铁合金、脱氧剂、孕育剂+变质剂等要纯净、清洁，尽可能使用夹杂物形成元素含量较低、满足工艺要求、表面清洁的金属炉料。同时型砂、涂料、冷铁、冒口、造渣剂、集渣剂等辅助材料也要纯净清洁，以最大限度地降低原辅料对纯净化的不利影响。

2）要使用优质清洁炉衬。抗磨白口铸铁熔化过程中，中频炉炉衬自始至终因与高温铁液接触并受到磁力搅拌作用，使被损耗的炉衬材料、炉衬表面上黏附的残渣、残铁或氧化皮等杂物易进入高温铁液中污染铁液，影响其纯净度。炉衬对抗磨白口铸铁纯净度的影响，主要与所用炉衬材料的质量、炉衬烧结的质量、炉衬的完整性、炉衬的清洁程度等因素有直接关联。因此在生产中要选用熔点高、膨胀系数低的优质炉衬材料（如尖晶石等）；炉衬的烧结质量要好（烧结层没有裂纹、其厚度适宜）；炉衬各部位平整并整体完整（无凸凹不平）；炉衬表面无残铁、无残渣保持清洁等。这些都是纯净化抗磨白口铸铁件生产时需对炉衬采取的措施。始终保持炉衬优质清洁，以最大限度降低炉衬的不利影响。

3）要严格控制熔化时间和熔化温度。大多数抗磨白口铸铁，如高铬白口铸铁中含有较多铬等合金元素，易与氧、与炉衬起反应而形成各类氧化物和各类盐类夹杂物，随着熔化时间的延长和合金熔化温度的升高，铁液中的合金元素与氧与炉衬起反应的概率就会增加，从而影响铁液的纯净度。因此，确保高铬白口铸铁熔化工艺的前提下，选择适宜的熔化温度是十分必要的，根据铸件结构特点高铬白口铸铁熔化温度选择在1520~1530℃为宜，不宜过高。

4）及时造渣、除渣。熔炼过程中，尤其是升温阶段要多次造活性渣和多次扒渣。通过多次造活性渣，使铁液中已形成的各类夹杂物能及时聚集到渣中，并及时扒渣，去除夹杂物，使炉渣中FeO的质量分数保持在<0.5%，以防铁液氧化和渣中夹杂物回流。再通过及时造保护渣，隔绝高温铁液与大气接触，以减少铁液的污染倾向。如此反复多次，造渣、除渣、造保护渣、再除渣等工艺操作，从而净化铁液，提高质量。

5）重视脱氧工艺，最大限度降低铁液氧含量。氧是形成各种氧化物夹杂的根源，因此在熔炼过程中通过认真实施最佳沉淀脱氧和终脱氧工艺，使铁液中的氧含量控制在尽可能低的水平（$<25\times10^{-4}\%$），以减少氧化夹杂物。所有炉料熔清后，当铁液温度在1400℃左右时，扒净炉内渣，用（质量分数）0.05% 75 SiFe+0.05% 65 MnFe 在炉内进

行沉淀脱氧。当高铬白口铸铁的温度 1510℃左右时，扒净炉内渣后用质量分数为 0.06%~0.1%纯铝或复合脱氧剂在炉内进行终脱氧。

6）采用精炼工艺。5t 以上中频感应电炉和 5t 以上铁液包可直接采用炉底和包底设有氩气扩散器吹氩气的净化工艺。通过氩气扩散器均匀吹入炉底或包底的氩气，气泡使铁液中 H_2、N_2、SiO_2、MgO、Al_2O_3 等有害气体和夹杂物，从炉底或包底不断被带到炉膛或铁液包上部的铁液表面，不断地及时造渣、扒渣后清除，能显著降低铁液中有害气体和夹杂物含量，纯净化效果十分明显。

小型中频感应电炉和小型铁液包要慎重采用此工艺。英国（Sheffield，UK，容量 300kg 的中频感应电炉，采用此纯净化工艺，可熔化优质清洁质量分数为 Cr 13.0%/Ni 4%钢；英国某生产 MoCrV 高合金铸铁的企业，在 600kg 中频感应电炉上采用此纯净化工艺；国内某企业在 200~500kg 中频感应电炉上采用此纯净化工艺；天津某科研单位在 30kg 中频感应电炉上采用此纯净化工艺等，在小于 5t 以下的中频感应电炉上采用此纯净化工艺后，都取得良好效果，主要表现在，减少了针孔、减少夹杂物含量、减少有害气体含量、减少了废品率、提高了铸件质量，温度和成分也得到进一步均匀化等。

表 5-2 中是某铸钢厂采用此净化工艺前后分析的夹杂物对比数据的部分结果。不难看出，炉底吹氩气的净化工艺可使钢液中的硫化物夹杂质量分数减少近 70.0%，氧化铝的夹杂物质量分数减少近 60.0%，硅酸盐的夹杂物质量分数减少近 68.0%，球状氧化物的夹杂物质量分数减少近 66.0%，其纯净化效果十分显著，是值得关注并在生产中推广应用的纯净化净化工艺。AOD（Argon-Oxygen Decarburization）精炼工艺十分适合于应用在低碳高合金的精炼上，例如不锈钢等，而抗磨白口铸铁件属于高碳合金，不宜采用 AOD 精炼工艺。其主要原因，一是设备投资高；二是操作复杂且有些成分难以控制到最佳范围，特别是对高铬白口铸铁耐磨性有较大影响的碳等含量的控制。

表 5-2　采用净化工艺前后部分夹杂物分析对比数据

炉号	钢种	净化前后	夹杂物种类及级别			
			硫化物	氧化铝	硅酸盐	球状氧化物
110472	30Cr1Mo1V	净化前	2.5 级	2.5 级	1.4 级	2.5 级
		净化后	0.5 级	0.3 级	0.0 级	1.5 级
110480	42CrMo	净化前	2.5 级	2.5 级	1.9 级	2.5 级
		净化后	0.5 级	0.5 级	1.0 级	0.5 级
110496	42CrMo	净化前	1.5 级	1.0 级	1.5 级	1.5 级
		净化后	0.5 级	0.7 级	0.5 级	0.5 级
110524	9Cr2Mo	净化前	2.2 级	1.5 级	2.0 级	2.5 级
		净化后	0.5 级	0.6 级	0.9 级	1.0 级
11533	GCr15	净化前	0.8 级	1.0 级	0.5 级	1.0 级
		净化后	0.5 级	0.65 级	0.0 级	0.5 级

7）严防铁液发生二次污染。在铁液出炉过程中、铁液包转运过程中、浇注过程中，甚至在型腔内，都要防止铁液的二次污染。这就要求，在铁液出炉过程中即要平稳又要快，尽量减少高温铁液与大气接触，防止产生二次污染的概率（在惰性或负压气氛中出炉最佳）；要使用保温效果好、充分烘烤的优质清洁的铁液包，以最大限度减少高温铁液在包内二次污染的倾向。优质清洁铁液包，主要是指所用包衬材料要优质清洁、烧结质量要良好、包内温度梯度小、无残铁和残渣等杂物。最好使用包底吹氩气的铁液包，既能防止二次污染，又能进一步提高即将浇注的铁液纯净化质量。采用适宜的低温快速浇注工艺，采用充型平稳、快速顺序凝固的工艺措施，可以避免浇注过程中铁液氧化、卷气、进渣、与型砂和涂料及冷铁等起反应，避免引起二次污染现象的发生（尽可能使用优质型砂、涂料、冷铁等），同时还能促使铸件组织细化。根据铸件结构特点，在浇注系统中使用集渣包或陶瓷过滤网等工艺措施也是十分必要的。

8）采用一系列细化组织工艺措施，使同体积含量的夹杂物尺寸更加细化，并改善其形状和分布，以减少夹杂物对抗磨材料的不利影响。

5.3.2 纯净化的相关指标

在中频感应电炉熔炼的条件下，高铬铸铁铁液气体含量的要求：铸件中的氧的质量分数控制在小于 $25\times10^{-4}\%$；氢的质量分数控制在小于 $5\times10^{-4}\%$；氮的质量分数控制在小于 $30\times10^{-4}\%$（要求氮含量的材料除外）。

在中频感应电炉熔炼的条件下，影响高铬铸铁铁液纯净度的几个主要合金的化学成分（质量分数）要求：铸件中的磷含量控制在 0.05%以下；铸件中的残留铝含量控制在 0.04%以下；铸件中的残留 RE 含量要控制在 0.025%~0.03%，不得超过 0.04%；炉渣中氧化铁的含量要控制在小于 0.5%；铸件中非金属夹杂物级别要达到 2A 或 2B 以下。

5.4 铸件近净化与健全化

高铬白口铸铁铸件近净化和健全化是影响抗磨铸件使用性能的第三要素。

5.4.1 铸件近净化

鉴于抗磨白口铸件是商品的特性，铸件往往会直接使用，几乎不予机械加工，所以铸件近净化就显得十分重要。铸件近净化，主要指按图样要求所生产的铸件表面粗糙度（Ra）、尺寸公差、几何形状和轮廓清晰程度等指标，与图样所规定的指标，应十分相近，不能有较大差异。它直观反映了制造铸件工艺水平是“精”还是“粗”，铸件表面质量是“净精”还是“傻大黑粗”。

当铸件表面粗糙度超标时（$Ra>25\mu m$），随着表面粗糙度值的提高，铸件表面越发呈现凸凹不平。这不仅会恶化铸件表面质量，降低其商品价值和竞争力，同时也因表面的凸凹不平使磨损表面的面积激增，局部的磨损加剧，从而导致铸件表面磨损速率加大，降低其使用寿命。当高铬白口铸铁件的尺寸公差超标时，鉴于其几乎不予加工，会使尺寸过大，铸件无法安装使用；而尺寸不足的铸件安装后因铸件之间间隙过大，也会加速铸件之间局部磨损的进程，甚至磨损设备安装部位基面，这不仅降低了抗磨白口铸件使用寿命，同时也严重影响设备的安全运行。当铸件几何形状和轮廓清晰度欠佳时，随着清晰度的下降铸件越发不完整，其商品价值和竞争力将降低。

不难看出，抗磨铸件近净化的程度是衡量和评价其质量品位、商品价值和占领国内外市场的竞争能力的主要指标之一，因此，在生产中应给予足够重视，使抗磨铸件向着优质近净化方向发展。

1. 铸件近净化工艺措施

1）要选用表面光滑（表面粗糙度 *Ra* 接近零）、尺寸精度高、几何形状和轮廓清晰、耐磨、经济的优质模样和芯盒，这是抗磨铸件近净化的首要环节。为此，首先要根据铸件结构特点和批量，正确选用制作模样和芯盒材料；其次，要准确掌握抗磨白口铸件所用合金材料的线收缩率对模样和芯盒各部位尺寸的影响，正确确定其各部位尺寸；再次，要正确选用制造模样和芯盒的机加工艺（CNC等），以便获得优质模样和芯盒。

2）要使用优质清洁的型砂和芯砂。要选用满足抗磨白口铸件特性的耐火度高、热稳定性好、粒度匹配适宜、具有一定强度和透气性及溃散性的优质清洁的型砂和芯砂，以便得到优质的铸型和型芯，这是获得近净化铸件的基础，是十分重要的工艺措施，应给予足够重视。

3）选择适宜的铸型工艺。为了提高抗磨白口铸件近净化程度，要选用适宜的造型工艺，以得到不同铸件结构要求的近净化的铸型。如快速成形铸型技术（RP技术）、壳型铸造工艺（小型铸件）、壳型+铁砂铸型工艺（中大型铸件）、铁型覆砂铸型工艺、金属型或水冷金属铸型工艺、具有冷却或细化组织措施的EPC和V法铸型工艺等等。特别提出的是，不具备冷却或细化组织措施的EPC和V法铸造工艺不宜用于抗磨铸件的生产上，尤其不宜用于高铬白口铸铁件的生产，由于其冷却速度过慢，铸件的铸态组织粗大，特别是共晶碳化物和奥氏体锰钢件的晶粒度粗大，会严重影响铸件的力学性能。

为进一步提高铸型的近净化程度，根据铸件结构和抗磨白口材料特点，有的放矢地选择优质涂料，采用适宜的涂挂工艺，在铸型型腔内涂挂一层适宜厚度的优质涂料也是十分必要的。

4）控制浇注。充型良好的前提下，要采用低温快速平稳充型+快速同时或顺序凝固的工艺措施，以得到与图样要求十分相近的完整且完美的铸件。

5）重视清理。抗磨铸件的清理直接关乎铸件的商品形象，所以对所生产的铸件认真进行清理和抛丸处理，以提高其表面“精净”度；必要时，还能通过对铸件表面的抛丸打击起到一定的加工硬化的作用。

2. 铸件近净化主要指标

抗磨白口铸件近净化主要指标为：铸件表面粗糙度 $Ra<25\mu m$；铸件尺寸公差 DCTG11 级；铸件几何形状和轮廓要清晰、表面无任何铸造缺陷且清洁。

5.4.2 铸件健全化

铸件健全化是指铸件没有铸造缺陷、材质的组织均匀、力学性能稳定，满足铸件的使用性能。铸件健全化程度与铸件内外铸造缺陷（含宏观铸造缺陷和显微铸造缺陷）、铸件组织和力学性能均匀程度有着密切关联。铸件内外铸造缺陷越少、铸件组织和力学性能越均匀，铸件健全化程度就越高，抗磨白口铸件抗裂纹萌生—扩展—断裂和抗磨损能力就越高，抗磨白口铸件的使用性能越好。抗磨白口铸铁是硬度高但韧性较差的材料，铸造缺陷对铸件使用性能的不利影响比其他抗磨材料更直接、更敏感、更危险。如气孔、夹渣+夹砂、缩孔等宏观铸造缺陷，不仅降低了抗磨白口铸件的有效使用截面积，同时降低了抗磨白口铸件的密度和致密性，直接降低抗磨白口铸件的使用性能。另外，气孔、夹渣+夹砂、缩孔等铸造缺陷，在磨损过程中将成为应力集中和局部磨损的起点，加速抗磨白口铸件裂纹的萌生—扩展—断裂失效；同时加快局部磨损的进程，加速铸件形状变化而失效。宏观裂纹易成为裂纹迅速扩展的起源，加速铸件沿裂纹断裂，往往是绝对不允许存在的最危险的缺陷。

抗磨白口铸铁件的显微铸造缺陷，如显微疏松、显微裂纹、显微夹杂物等对抗磨铸件使用性能的不利影响也不可忽视，尤其在磨损部位。一是它们降低了铸件密度和致密性，降低了铸件各区域之间的有机连接，以及组织与组织及组织与晶界的有机连接等，从而显著降低铸件力学性能；二是它们易成为应力集中的起点，促使裂纹的萌生—扩展—断裂；三是它们易成为局部磨损的起点，加速铸件局部磨损的进程等。综上所述，抗磨白口铸件健全化的程度，在某种程度上与抗磨铸件宏观铸造缺陷和微观铸造缺陷密不可分。

抗磨白口铸件的组织和性能均匀性，也是不可忽视的健全化指标，它与成分均匀化、组织细化、铸造缺陷有着密切关联。成分越均匀、组织越细化、铸造缺陷越少，铸件的组织和性能就越均匀，铸件的使用性能就更好。

1. 铸件健全化工艺措施

（1）确定铸造工艺　抗磨白口铸铁件健全化程度（铸造缺陷）与所采用的铸造工艺有直接关联。常用抗磨白口铸件，以铸件结构特点和白口铸铁特性所预测的可能产生的铸造缺陷为依据，通过计算机数值模拟技术（CAD）与生产经验相结合的方法优化设计铸造工艺经验证，便可以确定其最佳铸造工艺。研发高端新产品铸件时，通过生产经验和计算机数值模拟技术相结合的方法，提出铸造工艺→用快速成型（铸型）技术（RP）制造铸型→浇注铸件→检验铸件缺陷（用 CT）→修改完善工艺等程序，经 2~3 次反复试验后，便可以确定其最佳铸造工艺。

(2) 最大限度防止铸件铸造缺陷　正确确定最佳铸造工艺之后，铁液在充型良好的前提下，要认真实施低温快速平稳充型；快速同时（薄壁件）或快速顺序凝固（厚壁件）；有效防止二次污染；及时排气排渣补缩等一系列有效的工艺措施。这不仅有利于最大限度降低铸造缺陷，同时也有利于得到细化组织+纯净化的优质抗磨铸件。

(3) 组织和性能要均匀化　抗磨白口铸件的组织和性能均匀化，可采取以下措施：

1）进行化学成分优化设计和严控其波动范围，促使化学成分均匀化。

2）最大限度减少铁液浓度和温度梯度。

3）严控组织组成与含量的一致性。

4）最大限度地细化组织。

5）最大限度地减少铸造缺陷。

6）采用最佳热处理工艺来实现。

2. 铸件健全化主要指标

1）经检验抗磨铸件内外，不得存在肉眼看到的任何宏观铸造缺陷（气孔、夹杂+夹砂、缩孔、缩松、裂纹等）。

2）抗磨白口铸件磨损部位，不得存在宏观和显微裂纹、显微疏松等显微铸造缺陷，夹杂物级别要控制在<2A 或 2B。

3）铸件各部位组织和力学性能要均匀。以马氏体高铬白口铸铁件为例，同一铸件不同炉次，铸件各部位成分、组织、性能要均匀并基本相一致：成分波动严控在范围内；基体中铬的质量分数大于10.0%，马氏体的体积分数大于90.0%，奥氏体的体积分数小于10.0%，马氏体显微硬度大于720HV，基体晶粒度大于6级；共晶碳化物100%呈现 M_7C_3 型，其体积分数控制在30.0%~33.0%，其最大长度<120μm，其显微硬度大于1400HV，并孤立状均匀分布于基体组织内；同一铸件不同炉次铸件硬度大于60HRC（62~63HRC），铸件各部位硬度差小于3HRC或国家标准的控制范围内等。

生产实践表明，抗磨白口铸件的近净化、健全化的程度，将成为影响抗磨白口铸件质量品位、商品价值、竞争力、使用性能的不可忽视、值得关注的第三要素。

综上所述，抗磨白口铸铁件同时拥有良好第一要素、第二要素、第三要素时，抗磨白口铸铁件的使用性能方能达到安全、可靠、耐久、经济的目标，方能成为有较高商品价值和竞争力以及经济效益的优质抗磨白口铸件。

5.5　补充要求

为了获得上述拥有良好的第一要素、第二要素、第三要素的优质抗磨白口铸铁件，在生产抗磨白口铸铁件中要“突出”以下四点：

1）要突出“认真”二字。结合抗磨白口铸铁件，首先要认真调研和分析抗磨白口铸件服役工况条件、使用环境、磨损特点、国内外所采用生产工艺等，在此基础上，认真选材并结合铸件认真做到优化设计成分并严格控制；要认真制订合理的生产工艺（细化组织+纯净化+近净化+健全化工艺措施）和操作规程，并认真执行；认真制订各项质量检验指标并认真检验；认真计算生产成本；认真预测抗磨铸件的性价比。

2）要突出“清洁”二字。使用清洁优质的原辅材料（炉料、型砂、原辅材料）；使用清洁优质的炉衬；使用清洁优质的铸型；使用清洁优质的铁液包；使用清洁优质的热处理用各种介质。

3）要突出“净精”二字。采用确实可行的纯净化和近净化及健全化的工艺措施，使抗磨白口铸件要纯净化、近净化及健全化；要精心制订生产工艺并精心实施（熔炼、铸造工艺、浇注工艺、后处理工艺、热处理工艺等），使同批次、不同炉次的抗磨白口铸件的成分+组织+性能尽可能地一致，从而获得组织细化+纯净化+近净化+健全化的优质抗磨白口铸件。

4）要突出“严格”二字。严格管控各种原辅材料的质量；严格管理和执行生产工艺并严格检查；严格检验铸件各项冶金质量指标，使抗磨白口铸件成为优质放心的铸件。

第 6 章　抗磨白口铸铁的熔炼

6.1　基本要求

熔炼是抗磨白口铸铁件的生产诸多工艺中首要的工艺，是决定抗磨白口铸铁件各项冶金质量指标的关键生产工艺。它的基本任务是为生产优质抗磨白口铸铁件，提供成分、温度、各项冶金质量指标符合要求的铁液。

就抗磨白口铸铁熔炼而言，基本要求大致可概括归纳为优质、快速、低耗、长寿命、简便环保五个方面。

1. 优质

1）铁液化学成分要符合工况磨损特性的铸件材质要求，以确保抗磨白口铸铁件服役时的安全、可靠、耐久、经济的优异使用性能。同时铁液要具有良好的综合铸造工艺性能，以便获得铸造质量优异健全化的优质抗磨白口铸铁件。

2）同批铸件不同炉次的成分波动范围控制要小，以确保同批铸件不同炉次抗磨白口铸铁件成分的稳定性和质量的稳定性。研究和生产实践表明，熔炼中能够控制同批铸件不同炉次的高铬白口铸铁主要成分波动范围越小，质量就越稳定。尤其是对高铬白口铸铁力学性能及综合铸造工艺性能有较大影响的主要元素，如 C 的质量分数波动控制在<0.05%，Cr 的质量分数波动控制在<0.2%；必需的辅助元素波动要小，如 Mo 的质量分数波动控制在<0.05%，Ni 的质量分数波动控制在<0.05%，Cu 的质量分数波动控制在<0.05%等；必需的微量元素波动要小，如 RE 的质量分数波动控制在<0.005%，Ti 的质量分数波动控制在<0.005%、B 的质量分数波动控制在<0.0005%等。只有这样，才可确保同批铸件不同炉次的高铬白口铸件质量稳定。

3）铁液要净化，以确保抗磨铸白口铸铁件具有优异纯净化的冶金质量。如前述要求，认真实施一系列纯净化工艺措施，有效降低熔化过程中形成各类夹杂物和污染铁液的倾向，使铁液纯净化指标达到要求。

4）铁液凝固时，要有效改变形核生成条件和晶体成长条件，显著增加形核密度和数量，改善晶体形状和分布，得到具有良好力学性能的、细化的凝固组织，并使共晶碳化物呈孤立状均匀分布于基体中。

5）熔化铁液温度要适宜，同批铸件不同炉次的熔化和出炉温度波动范围要小（<5℃），同批铸件不同炉次的浇注温度波动范围也要小（<5℃）。

生产实践表明，铁液所有的质量指标，随熔炼炉炉衬和炉料质量、抗磨白口铸铁种类与牌号、生产条件和操作水平的差异，将显示较大差异。因此，熔炼中要采用优质清洁炉衬和炉料，不断改善生产条件和提高熔炼操作水平，严格控制铁液的成分和波动范围、熔化温度和浇注温度波动范围、夹杂物级别和有害气体含量等。

熔炼中要重视铁液质量的稳定性，以确保抗磨白口铸铁件铸造质量的稳定，这是熔炼抗磨白口铸铁应做到的基本要求，应给予足够的重视。

2. 快速

在确保铁液质量的前提下，充分发挥熔炼设备生产能力的关键在于提高熔化速度。对于容量一定的中频感应电炉，应尽量缩短每炉的熔化时间，减少高温铁液与炉衬和大气接触时间，以降低各类合金元素烧损和由此而形成的夹杂物，同时降低电耗，这点对抗磨白口铸铁，尤其是含有较高合金元素的高铬白口铸铁而言是非常重要的。因此，采用必要的快速熔炼工艺措施十分必要。例如，选用适宜功率的快速熔炼炉，选用块度适宜且优质清洁的炉料，使用烧结层厚度适宜的优质清洁炉衬，加料过程中采用不断提高炉内炉料堆密度的措施，控制炉料不同熔化阶段中最佳工艺温度等，以达到快速熔炼的目标。同批铸件不同炉次的最佳熔化时间的波动范围要小（控制在<3min），以确保熔化质量和熔化特性的稳定性。

3. 低耗

为保证抗磨白口铸铁熔炼的经济性，应采用一系列措施尽量减少或降低与抗磨白口铸铁熔炼有关的电力、燃料、耐火材料、熔剂以及其他辅助材料的耗费，力求降低熔炼成本。降低能耗是目前我国制造业转型的第一步，因此熔炼中要采用一系列快速熔炼工艺，最大限度降低铁液的吨耗电量。要采用一系列提高炉衬和铁液包包衬寿命的工艺措施，最大限度降低铸件吨耗耐火材料等的费用。

4. 长寿命

熔化炉炉衬和铁液包包衬寿命要长，这不仅有利于节约耐火材料，减少修炉和修包工时，而且有利于提高熔炼设备和铁液包的利用率，减少炉衬和铁液包包衬对铁液污染的概率，同时便于实现熔炼操作机械化与自动化。这是熔炼炉和铁液包稳定工作的重要保证，因此采用优质清洁长寿命的炉衬和包衬材料（如尖晶石）是十分必要的。

5. 简便环保

任何熔炼设备，都要力求结构简单、操作简便、安全可靠耐久，并尽量提高机械化和自动化程度，同时有的放矢地采用确实可行的环保措施，消除对周围环境的污染。例如，噪声应<80dB，烟尘及粉尘浓度不超过 $30mg/m^3$ 等。

6.2 设备与操作

抗磨白口铸铁常用的熔炼设备，有无芯工频感应电炉、有芯工频感应电炉、无芯中频感应电炉、三相电弧炉（部分）等熔化设备，曾经也有过用冲天炉熔炼生产普通白口铸铁和低合金白口铸铁的历史。目前，无芯中频感应电炉是目前我国熔炼抗磨白口铸铁的主流，也是最常用的熔炼设备。

6.2.1　感应电炉熔炼抗磨白口铸铁件

感应电炉通常根据使用电流频率分为：工频感应电炉（50Hz）、中频感应电炉（>50~10000Hz）、高频感应电炉（>10000Hz）。熔炼抗磨白口铸铁的感应电炉，主要指的是中频感应电炉。

用中频感应电炉熔炼抗磨白口铸铁，可以准确控制和调整抗磨白口铸铁的成分和温度，易于获得成分准确、铁液温度适宜（调整所需温度）、元素的烧损少、含气低、杂质少的较纯净铁液，且操作简便也易掌握。因此，近几年来用中频感应电炉熔炼抗磨白口铸铁成为趋势，越来越多的企业用中频感应电炉熔炼抗磨白口铸铁。工频感应电炉则主要用于与冲天炉配合进行双联熔炼。

值得关注的是近几年来"一拖二"中频感应电炉的发展和应用（一个电源同时运行两个炉体工作），为抗磨白口铸铁的熔炼和控制其质量带来了极大方便。主要表现在：

1）通过相对小容量炉体快速熔化铁液，不断地倒入到容量相对较大的炉体内进行保温。在保温过程中，经多次熔化的铁液成分在大容量炉体内进一步得到均匀化，为严格控制抗磨白口铸铁化学成分创造了有利条件，同时节能节电。

2）在保温过程中，铁液中的各类夹杂物有充分上浮机会，有利于炉内扒渣和净化铁液。

3）保温为严格控制铸件浇注温度创造了十分有利的条件，同时确保了将要浇注的铁液各区域内呈现较小温度梯度和浓度梯度，为凝固时同时生成更多形核质点、细化组织创造有利条件等。"一拖二"中频感应电炉是一项值得推广应用的技术。

6.2.2　选择中频感应电炉功率、结构及参数

优化选择中频感应电炉功率、结构及参数，是确保用中频感应电炉顺利熔炼各类抗磨白口铸铁的首选任务。

中频感应电炉一般由炉体、炉盖、炉架、倾炉机构、水冷系统、除尘系统以及电气设备等部分所组成。在许多相关文献中都较明确论述过无芯中频感应电炉加热原理、感应器与金属炉料之间的电流密度分布、无芯中频感应电炉内铁液运动方向等熔化特点和原理。目前，国内外中频感应电炉已达到系列化、标准化、商品化程度，为优化选择中频感应电炉功率与结构及参数（如炉子熔化量的选择、炉衬有效容积的选择、炉衬壁厚的选择等），提供了十分便利的条件。按生产纲领要求，可优化选择中频感应电炉功率与结构及参数。

6.2.3　中频感应电炉操作与控制

1. 选用优质炉衬修筑材料

要选用纯净、清洁的优质炉衬耐火材料修筑炉衬，以获得优质清洁的炉衬。然而有些企业为了降低生产成本，熔化抗磨白口铸铁的炉衬材料一般都选用价格低廉的石英砂，虽然勉强满足抗磨白口铸铁基本冶金质量要求，但与优质尖晶石炉衬材料相比，铁液冶金质量仍存在一定差距。主要表现为前者在铸铁中的夹杂物多于后者，且前者还有增硅的现象。正因如此，发达国家在熔炼抗磨白口铸铁时，尤其是熔炼合金抗磨白口铸铁时，基本采用优质尖晶石炉衬材料，以确保抗磨白口铸铁的冶金质量。这一趋势也值得我们的关注。表 6-1 给出了感应电炉常用的炉衬耐火材料基本的物化性能。

表 6-1　感应电炉常用炉衬耐火材料的基本物化性能

耐火材料	主要成分(质量分数,%)	熔点/℃	软化温度/℃	热膨胀系数/(10^{-4}/℃)	最高工作温度/℃
石英砂	SiO_2>98,Al_2O_3<0.2,Fe_2O_3<0.5	1700	1650	11.5~12.5	1630
电熔石英砂	SiO_2>98.9,Fe_2O_3<0.5	1700	1650	11.5~12.5	1630
锆砂	ZrO_2=20~60,SiO_2=30~70				
电熔镁砂	MgO>98	2800	2100	14.5	2200
氧化铝	Al_2O_3>85,SiO_2<15	2050	1900	8.6	1800
铝镁尖晶石	Al_2O_3:MgO(71.8:28.2)	2135	1850	8.0(20~800℃)	1850
镁铝尖晶石	MgO:Al_2O_3(78:22)	2450	1900	8.2	1850

根据所用的耐火材料特性不同，炉衬可分为酸性耐火材料炉衬（石英砂或电熔石英砂）、碱性耐火材料炉衬（镁砂或电熔镁砂）、中性耐火材料炉衬（Al_2O_3）。

酸性耐火材料炉衬主要是用石英砂（或电熔石英砂）制作的炉衬，主要优点是资源丰富，价格低廉，且炉衬耐激冷耐激热性能好。但 SiO_2 的熔点低，且高温下化学活泼性很强，熔化过程中与易于各种氧化物或中性氧化物起反应，会增加铁液中的夹杂物含量，易污染铁液，还有可能被一些活性较强的元素还原而增硅。因此，石英砂炉衬多数用于熔炼温度较低的各类普通铸铁，很少用于熔炼温度较高的各类抗磨白口铸铁上。

碱性耐火材料炉衬，主要是用杂质（SiO_2、Fe_2O_3 等）含量低、纯度较高的镁砂或电熔镁砂制作的炉衬（也有个别企业仍使用氧化镁的质量分数为 86.0%左右的劣质镁砂）。镁砂熔点很高，但膨胀系数较大，镁砂炉衬易产生龟裂，因此寿命短。间断式熔化的镁砂炉衬，尤其是大型中频感应电炉镁砂炉衬中这种现象更为突出。

中性耐火材料炉衬通常是氧化铝（Al_2O_3）材料制作的炉衬。氧化铝的炉衬具有良好的抗裂特性和抗酸性炉渣侵蚀的能力，但不易产生碱性渣，且炉衬的烧结性能较差，炉衬寿命不高。

尖晶石系炉衬材料的特点是耐火度高，热膨胀系数小，炉衬寿命长，对铁液污染倾向大幅度减轻。该炉衬材料在国外广泛应用于生产优质抗磨白口铸件的中频感应电炉的炉衬上，尤其是大型感应电炉炉衬上。随着熔化技术的发展和铸件所要求的各类冶金质量指标的提高，我国许多生产耐磨铸件的行业领先企业早已应用优质纯净清洁的尖晶石系列耐火材料炉衬，并获得了良好效果。

常用的尖晶石炉衬材料可分为两种：一是以氧化铝为基的铝镁尖晶石系炉衬材料，以氧化铝为基，配以质量分数为10.0%~30.0%的氧化镁，以便烧结时在氧化铝颗粒之间形成镁铝尖晶石网络，从而起到良好结合作用（在硼酸的作用下1350℃左右时，就可形成尖晶石网络），提高炉衬寿命。欧美等国用此材料修筑熔炼各类合金钢和各类合金抗磨白口铸铁的大型感应电炉炉衬。二是以氧化镁为基的镁铝尖晶石系炉衬材料，以氧化镁为基，配以质量分数为20.0%~25.0%的氧化铝，以便烧结时在氧化镁颗粒之间形成镁铝尖晶石网络，从而起到良好结合作用，同时减少膨胀系数，防止龟裂。此材料可用于各类合金钢和抗磨白口铸铁的熔炼。国内某公司，经多年生产实践，较详细分析了镁砂炉衬与尖晶石炉衬的优缺点，经不断探索和研发，提出了以尖晶石耐火材料为主导的获得优质清洁高寿命的中频感应电炉炉衬用耐火材料系统。

镁砂炉衬与尖晶石炉衬（铝镁尖晶石）的优缺点：

1）氧化镁炉衬膨胀系数高，容易造成炉衬产生较大裂缝，易出现炉衬材料崩落现象（掉进铁液中污染铁液）；然而铝镁尖晶石膨胀系数低，不容易产生炉衬裂缝，炉衬材料不会有崩落现象。

2）氧化镁炉衬会呈现完全烧结现象，所以一旦有裂缝就有可能造成穿透；然而铝镁尖晶石炉衬由于烧结后会呈现出烧结层、半烧结层及粉末层，因此即使炉衬壁有裂缝，当铁液穿透烧结层、半烧结层至粉末层时会立即凝固，所以安全性较高。

3）氧化镁炉衬炉壁容易被铁液浸蚀或磨耗，易造成凹凸不平及上下内径不一致的现象，须频繁补炉，从而导致炉衬寿命较低（因补炉次数频繁既费人工又增加补炉材料用量，相对成本提高）；然而铝镁尖晶石炉壁不易被侵蚀或磨耗，且炉壁平整、上下内径大小一致，所以基本上无须补炉，使用寿命高，同时，减少筑炉及烧结次数亦可降低生产成本。

4）氧化镁炉衬容易形成渣，除渣时除渣剂用量多，且会有炉渣除不干净的现象；然而铝镁尖晶炉衬不易成渣，且此材料不易附着粘渣，所以除渣容易且干净，不耗时，亦可节省除渣剂，更可减少铸件因渣产生的铸造缺陷，提高成品率。

5）氧化镁炉衬因为完全烧结，会造成拆炉不易且耗时，而且也容易损伤炉壁及感应线圈；然而铝镁尖晶石炉衬因炉壁最外围为粉末层，拆炉容易又省时，亦不会损伤感应线圈，可减少炉体维修时间和维修次数。

图 6-1 所示为中频感应电炉炉体各部位（炉衬）与所用耐火材料。

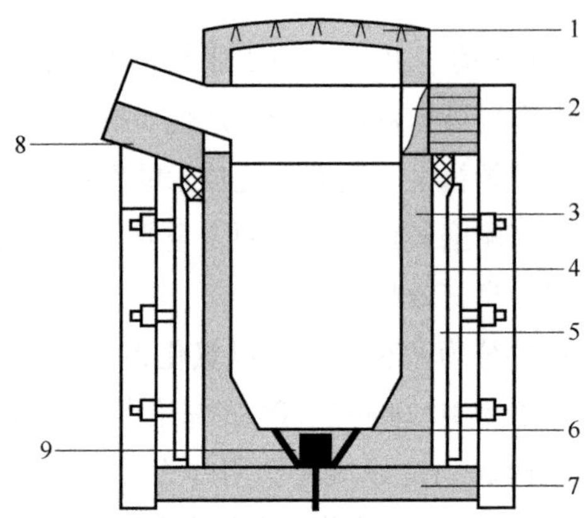

图 6-1　中频感应电炉炉体各部位（炉衬）与所用耐火材料

1—炉盖浇注料：Silcast 1500　2—修补塑性料：Capram 90/D11　3—工作炉衬：Coral CXL/CoralSMC/Coral 88/Coral HBC　4—滑动面：高性能云母纸/板　5—线圈料：Capscreed 96XS　6—气体扩散器通气区域专用炉衬材料：Coral GDR　7—炉体浇注环及浇注块：1750LCF/17LCF/1600CM　8—炉嘴塑性料：Capram 70/Capram 90　9—气体扩散器 GD：Caperdiff 94AL

晶石系耐火材料炉衬寿命较长，有利于提高抗磨材料的冶金质量，性价比良好，是值得关注并应积极推广应用的炉衬耐火材料。

优化选择炉衬用优质清洁耐火材料后，按工艺要求严格修筑炉衬及烧结。通常用“空炉低功率慢升温”的工艺烧结炉衬。当缓慢升温到钢炉衬模即将软化时（约1100℃），投入第一炉炉料继续进行烧结炉衬，以得到烧结层适宜、烧结质量优质的炉衬。

2. 正确掌握中频感应电炉熔炼特性

中频感应电炉熔炼特性，主要指熔炼过程中熔化条件，即中频感应电炉的频率、炉衬、熔化时间、熔化温度、保温温度等对铁液中合金元素烧损或增加的影响。

用酸性炉衬中频感应电炉熔炼时，铁液中合金元素的氧化反应较弱，烧损较少，通常 C 烧损 1.0%~5.0%，Si 几乎不烧损或略增，Mn 烧损 2.0%~5.0%，硫磷几乎无变化；外加合金元素的吸收率较高，如镍、铜 100%吸收，锰铁吸收 97.0%，铬铁吸收 96.0%，钼铁吸收 97.0%。当铁液温度低于 1500℃时，随着铁液温度提高，供电频率的增加，碳的吸收率有所增加，锰硅烧损增加；当铁液温度高于 1500℃时，随着铁液温度提高，供电频率的增加，碳和锰的烧损增加，硅有所增加。

表 6-2 和表 6-3 中分别给出了熔化过程中炉衬材料和铁液等温保温温度对铁液中化学元素的影响。

表 6-2 炉衬材料对铁液中化学元素的影响

炉衬	铸铁化学元素(质量分数,%)									
	C		Si		Mn		P		S	
	开始	最终	开始	最终	开始	最终	开始	最终	开始	最终
酸性	3.56	3.13	2.35	2.13	0.28	0.26	0.04	0.04	0.05	0.05
中性	3.47	3.11	2.88	2.04	0.26	0.25	0.04	0.04	0.05	0.05

表 6-3 铁液等温保温温度对铁液中化学元素的影响（酸性炉衬）

等温保温温度/℃	铁液中硅的质量分数为 1.8%~2.2%	
	每小时碳烧损(质量分数,%)	每小时硅增加(质量分数,%)
1350		
1450	0.07	
1500	0.18	0.07
1550	0.30	0.11
1600	0.40	0.15

从上述的数据不难看出，只有正确严控熔化条件，正确掌握中频感应电炉熔炼特性，熔化过程中才能确切掌握各种化学元素的增减规律，为配料计算和严控熔化条件提供可靠的依据，获得理想的铁液成分。

3. 中频感应电炉熔炼操作

中频感应电炉熔炼一般采用批料熔化法，即每炉都将铁液倒净，然后重新向炉内加满料，在没有剩余铁液的情况下开始熔化作业。

采用合理的电源与电炉装置相匹配的方案，充分利用电源装置的输出功率，最大限度地提高电炉装置的功率利用系数，这是中频感应电炉熔炼和操作的基本要求。只有这样才能达到熔化快、电耗低的要求，同时为生产优质抗磨铸件提供优质铁液。值得指出的是，无论是工频感应电炉，还是中频感应电炉，在熔化过程中都无法实施氧化期和还原期的相关冶金过程，无法产生冶炼所需的氧化渣、还原渣，且渣的温度较铁液低得多（渣的活度较低），无法与铁液进行必要的相关冶金反应，按理讲很难获得较高纯净的铁液。然而多年的研究和生产实践表明，只要认真实施一系列纯净化工艺措施，中频感应电炉完全可以熔化纯净化的抗磨白口铸铁铁液，其指标可达到前述的要求。

6.2.4 铁液质量的控制及炉前质量检验

铁液质量的控制，主要指铁液化学成分的控制、铁液温度的控制、夹杂物和有害气体含量的控制等。

1. 铁液成分的控制

做好铁液成分的控制：一是要确切掌握炉料的成分和熔炼条件对各元素行为的影响（各元素的增减规律）；二是正确进行配料计算；三是要减少熔化条件的波动范围，如熔化时间、熔化温度等（特定的频率和炉衬的条件下）；四是要炉前快速分析化学成分的结果，用适宜的炉料调整其相关成分，使成分在最佳控制范围内。值得指出的是，在熔炼抗磨白口铸铁时，最好采取增碳或降碳措施，以防对耐磨性十分敏感的碳含量的波动。增碳主要用适宜的增碳剂、生铁或高碳铁合金实现，降碳主要用适宜的纯铁或低碳废钢实现。在表 6-4～表 6-10 中列出了各类抗磨白口铸铁的配料计算实例。

表 6-4 低铬白口铸铁配料实例

铸件名称	磨球(水泥冶金机械类球磨机所用磨球件)						
铸件特点	铸件轮廓尺寸 ϕ80mm，为球形结构，硬度≥50HRC，要求用低铬白口铸铁						
铸铁成分控制（质量分数，%）	C 2.4～2.8，Si 1.0～1.3，Mn 0.6～1.0，P<0.12，S<0.10，Cr 1.0～2.0						
配料							
炉料名称	炉料成分(质量分数，%)						
	C	Si	Mn	P	S	Cr	
湘钢生铁	3.70	1.77	0.55	0.18	0.078		
回炉料	3.0	1.00	0.60	0.05	0.05	1.5	
废钢	0.20	0.35	0.50	0.030	0.012		
75%硅铁		75					
78%锰铁			78				
60%铬铁						60	
配料名称	配料成分(质量分数，%)						配料比例（质量份）
	C	Si	Mn	P	S	Cr	
湘钢生铁	1.67	0.80	0.25	0.081	0.035		45
回炉料	1.05	0.35	0.21	0.018	0.018	0.53	35
废钢	0.04	0.07	0.10	0.006	0.002		20
75%硅铁		0.10					0.13
78%锰铁			0.38				0.49
60%铬铁						1.05	1.75
合计	2.76	1.32	0.94	0.105	0.055	1.58	
炉内熔化增减	-0.13	-0.06	-0.05	0	0	-0.08	
熔化后铁液	2.63	1.26	0.89	0.122	0.101	1.50	

注：采用 500kg 碱性中频感应电炉熔炼，炉内碳烧损 5%，硅烧损 5%，锰烧损 5%，磷硫不变。炉前用 0.3% $S_{Ⅲ}$ 孕育+变质处理。

表 6-5　中铬白口铸铁配料实例（高硅碳比）

铸件名称	球磨机衬板(水泥冶金机械类球磨机衬板件)							
铸件特点	铸件轮廓尺寸 410mm×320mm,为板状结构,主要厚度 75mm,硬度 56~60HRC,要求用高硅碳比中铬白口铸铁							
铸铁成分控制(质量分数,%)	C 2.6~3.2,Si 1.8~2.0,Mn 0.6~1.0,P<0.12,S<0.080,Cr 8.0~10.0,Mo 0.3~0.5							
配料								
炉料名称	炉料成分(质量分数,%)							
	C	Si	Mn	P	S	Cr	Mo	
生铁	4.2	1.77	0.55	0.18	0.078			
回炉料	3.0	1.80	0.60	0.05	0.050	9.0	0.4	
废钢	0.20	0.2	0.50	0.020	0.02			
75%硅铁		75						
65%锰铁			65					
60%铬铁						60		
60%钼铁							60	
配料名称	配料成分(质量分数,%)							配料比例(质量份)
	C	Si	Mn	P	S	Cr	Mo	
本溪生铁	1.89	0.80	0.25	0.081	0.035			45
回炉料	1.05	0.63	0.21	0.018	0.018	3.15	0.14	35
60%铬铁						6.35		10.6
废钢	0.018	0.018	0.047	0.0018	0.0018			9.4
60%钼铁							0.26	0.43
75%硅铁		0.55						0.73
60%锰铁			0.30					0.5
合计	2.958	1.998	0.807	0.1008	0.0548	9.50	0.4	
炉内熔化增减	−0.15	−0.12	−0.04	0	0	−0.47	−0.012	
熔化后铁液	2.808	1.878	0.767	0.1008	0.0548	9.03	0.388	

注:采用 1.5t 碱性中频感应电炉熔炼,炉内碳烧损 5%,硅烧损 6%,锰烧损 5%,磷硫不变,铬烧损 5%,钼烧损 0.3%。炉前用 0.3% $S_{Ⅲ}$ 孕育+变质处理。热处理态:硬度为 59.5HRC,冲击韧度为 8.9J/cm^2。

表 6-6 Cr12 高铬白口铸铁配料实例

铸件名称	磨球(水泥冶金机械类球磨机所用磨球件)
铸件特点	铸件轮廓尺寸 ϕ90mm,为球形结构,硬度 58~63HRC,要求用铬 12 白口铸铁
铸铁成分控制(质量分数,%)	C 2.4~2.8,Si 0.88~1.2,Mn 0.8~1.3,P<0.10,S<0.06,Cr 11~13.0,Mo 0.3~0.5 Cu 0.6~1.0

配料

炉料名称	炉料成分(质量分数,%)							
	C	Si	Mn	P	S	Cr	Mo	Cu
生铁	4.0	1.00	0.55	0.18	0.078			
回炉料	2.6	0.80	1.0	0.05	0.050	13.0	0.4	1.0
废钢	0.20	0.2	0.50	0.020	0.02			
75%硅铁		75						
65%锰铁			65					
60%铬铁						60		
60%钼铁							60	
电解铜								100

配料名称	配料成分(质量分数,%)								配料比例(质量份)
	C	Si	Mn	P	S	Cr	Mo	Cu	
本溪生铁	1.80	0.45	0.25	0.081	0.035				45
回炉料	0.91	0.28	0.21	0.018	0.018	4.55	0.14	0.35	35
60%铬铁						9.0			15
废钢	0.010	0.010	0.025	0.001	0.001				5.0
60%钼铁							0.26		0.43
75%硅铁		0.10							0.13
60%锰铁			0.30						0.5
电解铜								0.4	0.4
合计	2.72	0.84	0.785	0.100	0.054	13.55	0.4	0.75	
炉内熔化增减	-0.11	-0.04	-0.039	0	0	-0.68	-0.012	0	
熔化后铁液	2.61	0.80	0.746	0.100	0.054	12.87	0.388	0.75	

注:采用 2t 碱性中频感应电炉熔炼,炉内碳烧损 5%,硅烧损 5%,锰烧损 5%,磷硫铜不变,铬烧损 5%,钼烧损 0.3%,钒烧损 15%。炉前用 0.35% S_{III} 孕育+变质处理。热处理态:硬度为 60HRC,冲击韧度为 6J/cm^2。

表 6-7　Cr15 高铬白口铸铁配料实例

铸件名称	杂质泵(机械类杂质泵叶轮、护套等铸件)							
铸件特点	铸件轮廓尺寸 ϕ1300mm 叶轮,为圆板形结构,主要壁厚 42mm,硬度 58~63HRC,要求用铬 15-3 白口铸铁							
铸铁成分控制(质量分数,%)	C 2.4~2.8,Si 0.8~1.2,Mn 0.7~1.3,P<0.10,S<0.06,Cr 15~16,Mo 2.5~3.0							
配料								
炉料名称	炉料成分(质量分数,%)							
	C	Si	Mn	P	S	Cr	Mo	
生铁	4.3	1.00	0.55	0.10	0.080			
回炉料	2.6	0.80	1.0	0.05	0.050	15.0	3.0	
废钢	0.20	0.2	0.50	0.020	0.02			
75%硅铁		75						
65%锰铁			65					
60%铬铁						60		
60%钼铁							60	
配料名称	配料成分(质量分数,%)							配料比例(质量份)
	C	Si	Mn	P	S	Cr	Mo	
本溪生铁	1.79	0.417	0.23	0.042	0.034			41.7
回炉料	0.91	0.28	0.21	0.018	0.018	5.25	1.05	35
60%铬铁						10.8		18
60%钼铁							1.98	3.3
75%硅铁		0.10						0.13
60%锰铁			0.39					0.6
合计	2.70	0.797	0.83	0.06	0.052	16.05	3.03	
炉内熔化增减	-0.08	-0.04	-0.04	0	0	-0.75	0	
熔化后铁液	2.62	0.757	0.79	0.06	0.052	15.3	3.03	

注:采用 2t 碱性中频感应电炉熔炼,炉内碳烧损 5%,硅烧损 5%,锰烧损 5%,磷硫不变,铬烧损 5%,钼烧损 0.3。炉前用 0.35% $S_{Ⅲ}$ 孕育+变质处理。热处理态:硬度为 62HRC,冲击韧度为 10J/cm^2。

表 6-8　Cr20 高铬白口铸铁配料实例

铸件名称	磨辊(机械类中速磨煤机所用铸件)
铸件特点	铸件轮廓尺寸 ϕ2700mm 磨辊,为圆柱形结构,主要壁厚 62mm,硬度 60~63HRC,要求用铬 20-2-1 白口铸铁
铸铁成分控制(质量分数,%)	C 2.4~2.8,Si 0.7~0.9,Mn 0.6~0.8,P<0.10,S<0.06,Cr 19~21,Mo 1.5~2.5 Cu 0.8~1.2

配料

炉料名称	炉料成分(质量分数,%)							
	C	Si	Mn	P	S	Cr	Mo	Cu
生铁	4.3	1.00	0.55	0.10	0.080			
回炉料	2.6	0.80	1.0	0.05	0.050	20.0	2.0	
废钢	0.20	0.2	0.50	0.020	0.02			
75%硅铁		75						
65%锰铁				65				
60%铬铁						60		
60%钼铁							60	
电解铜								100

配料名称	配料成分(质量分数,%)								配料比例(质量份)
	C	Si	Mn	P	S	Cr	Mo	Cu	
本溪生铁	1.71	0.398	0.22	0.04	0.032				39.8
回炉料	0.91	0.28	0.21	0.018	0.018	7.0	0.7	0.35	35
60%铬铁						13.8			23
60%钼铁							1.32		2.2
75%硅铁		0.10							0.13
60%锰铁			0.24						0.4
电解铜								0.50	0.5
合计	2.62	0.778	0.67	0.058	0.050	20.8	2.02	0.85	
炉内熔化增减	-0.08	-0.04	-0.03	0	0	-1.05	-0.06	0	
熔化后铁液	2.54	0.738	0.64	0.058	0.050	19.75	1.96	0.85	

注:采用 2t 碱性中频感应电炉熔炼,炉内碳烧损 3%,硅烧损 5%,锰烧损 5%,铜磷硫不变,铬烧损 5%,钼烧损 0.3%。炉前用 0.35% $S_{Ⅲ}$ 孕育+变质处理。热处理态:硬度为 62HRC,冲击韧度为 11J/cm^2。

表 6-9　镍硬白口铸铁配料实例（Ni-Hard4）

铸件名称	磨片(制造机械类中密度板用磨片件)
铸件特点	铸件轮廓尺寸 ϕ420mm,为圆板形结构,主要厚度 25mm,硬度 56~57HRC,要求用 Ni-Hard4 白口铸铁
铸铁成分控制(质量分数)	C 2.6~3.2,Si 1.8~2.0,Mn 0.6~1.0,P<0.12,S<0.080,Cr 8.0~9.0,Ni 5.5~6.0

配料

炉料名称	炉料成分(质量分数,%)						
	C	Si	Mn	P	S	Cr	Ni
生铁	4.2	1.77	0.55	0.18	0.078		
回炉料	3.0	1.00	0.60	0.05	0.05	9.0	6.0
废钢	0.20	0.2	0.50	0.020	0.02		
75%硅铁		75					
78%锰铁			78				
60%铬铁						60	
电解镍							100

配料名称	配料成分(质量分数,%)							配料比例(质量份)
	C	Si	Mn	P	S	Cr	Ni	
本溪生铁	1.89	0.80	0.25	0.081	0.035			45
回炉料	1.05	0.35	0.21	0.018	0.018	3.15	2.1	35
60%铬铁						6.35		10.6
电解镍							4.0	4.0
废钢	0.011	0.011	0.027	0.0011	0.0011			5.4
75%硅铁		0.7						0.93
78%锰铁			0.30					0.39
合计	2.951	1.861	0.787	0.1001	0.0541	9.50	6.1	
炉内熔化增减	-0.15	+0.04	-0.037	0	0	-0.47	0	
熔化后铁液	2.801	1.901	0.75	0.1001	0.0541	9.03	6.1	

注:采用 500kg 酸性中频感应电炉熔炼,炉内碳烧损 5%,硅增加 5%,锰烧损 5%,磷硫不变。炉前用 0.35% $S_{Ⅲ}$ 孕育+变质处理。热处理态:硬度为 59.5HRC,冲击韧度为 9.9J/cm^2。

表 6-10　钒白口铸铁配料实例

铸件名称	锤头(水泥冶金机械类锤式破碎锤头件)
铸件特点	铸件轮廓尺寸 310mm×120mm×45mm,为单边弧形结构,主要厚度 45mm,硬度 60~63HRC,要求用钒白口铸铁
铸铁成分控制(质量分数,%)	C 2.4~2.8,Si 0.7~1.0,Mn 0.6~1.0,P<0.10,S<0.06,Cr 2.0~3.0,Mo 0.3~0.5 V 6~6.5

配料

炉料名称	炉料成分(质量分数,%)							
	C	Si	Mn	P	S	Cr	Mo	V
生铁	4.2	1.00	0.55	0.18	0.078			
回炉料	3.0	0.80	0.60	0.05	0.050	2.5	0.4	6.0
废钢	0.20	0.2	0.50	0.020	0.02			
50%钒铁								50
75%硅铁		75						
65%锰铁			65					
60%铬铁						60		
60%钼铁							60	

配料名称	配料成分(质量分数,%)								配料比例(质量份)
	C	Si	Mn	P	S	Cr	Mo	V	
本溪生铁	1.89	0.45	0.25	0.081	0.035				45
回炉料	1.05	0.28	0.21	0.018	0.018	0.88	0.14	2.10	35
50%钒铁								5.0	10
废钢	0.014	0.014	0.035	0.0014	0.0014				7.0
60%铬铁						1.80			3.0
60%钼铁							0.26		0.43
75%硅铁		0.10							0.13
60%锰铁			0.30						0.5
合计	2.954	0.844	0.795	0.1004	0.0544	2.68	0.4	7.1	
炉内熔化增减	-0.14	-0.042	-0.04	0	0	-0.13	-0.012	-1.06	
熔化后铁液	2.814	0.802	0.755	0.1004	0.0544	2.55	0.388	6.04	

注:采用 1t 碱性中频感应电炉熔炼,炉内碳烧损 5%,硅烧损 5%,锰烧损 5%,磷硫不变,铬烧损 5%,钼烧损 0.3%,钒烧损 15%。炉前用 0.35% $S_{Ⅲ}$ 孕育+变质处理。热处理态:硬度为 62HRC,冲击韧度为 11J/cm^2。

为了确保抗磨白口铸铁铁液的成分和温度的均匀性，采用“一拖二”的中频感应电炉是最好选择。将容量相对较小炉体快速熔化的铁液，倒入到容量相对较大的炉体中保温，使将要浇注的铁液成分和温度，在容量相对较大的炉体中得到进一步均匀化，可以较好地控制铁液成分和温度。在生产中严控同批次铸件不同炉次的成分波动范围和纯净化指标，才能获得优质抗磨白口铸铁的铁液。

2. 铁液温度的控制

铁液温度的控制主要依靠合适的炉子容量和功率的选择，并采用合理的操作工艺，结合具体白口抗磨铸铁的材质和铸件结构，恰当地选择最佳熔化温度。同一铸件不同炉次的出炉温度波动范围要小，最好控制在<5℃。通常采用快速热电偶测定并控制最佳铁液温度。高铬抗磨白口铸铁熔化温度一般控制在 1520~1530℃为宜。

3. 夹杂物和有害气体含量控制

抗磨白口铸铁铸件中，夹杂物含量和级别控制得越低越好，严格控制纯净化各项指标，以达到纯净化目标。一般采用快速金相检验法，评定夹杂物含量和级别；用气体分析仪分析氧、氢、氮含量（氮含量也可用光谱仪测定）。

6.3　工艺要点

以高铬白口铸铁为例，如前所述，要提高抗磨铸件的使用性能，一是抗磨铸件选材要科学合理正确，组织要细化；二是抗磨铸件要纯净化；三是抗磨铸件要近净化和健全化。抗磨铸件应具有的要素与熔炼工艺有着十分密切关联，尤其是前两项要素。不难看出，高铬白口铸铁熔炼工艺是提高高铬白口铸件使用性能的重要生产工艺之一，因此与熔炼工艺相关的每一道工序都应十分重视并认真实施。例如，优化选择中频感应电炉的功率、结构及参数，如炉子熔化量、炉衬有效容积、炉衬壁厚等，以满足快速、优质熔化高铬白口铸件所需的最佳熔化量和优质铁液，同时满足安全可靠和环保的要求；优化选用优质纯净清洁的各类熔化用原辅材料，如各类金属炉料（回炉料、生铁、废钢、各类铁合金等）和各类熔剂（孕育剂+变质剂、造渣剂、集渣剂等）要优质纯净，表面要清洁干净，化学成分符合规定（未知化学成分的不得使用），块度要适宜等，以最大限度降低熔化用原辅材料对高铬白口铸铁铁液的不利影响，获得与优质高铬白口铸件相符的优质纯净清洁的铁液。所用原辅材料按类存放在指定的干燥处，不得混放，生产中要重视所用原辅材料的质量和管理。

6.3.1　优化设计高铬白口铸铁化学成分

1. 基本原则

根据高铬白口铸件的结构特点和服役工况条件，优化设计化学成分并严格控制波动范围，是确保高铬白口铸铁质量的关键。

要选用亚共晶成分，离共晶点越接近越好（如图 6-2 中成分 1），以减少液固两相共存区域和共晶凝固范围，细化初生奥氏体和共晶组织。不宜选用过共晶成分（如图 6-2 中成分 3），以防出现粗大初生碳化物，从而大量消耗铬元素，减少基体中的铬含量。

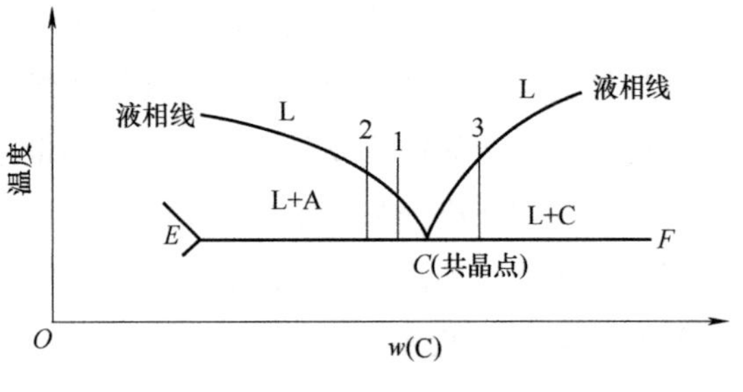

图 6-2　优化设计化学成分的示意图

要合理确定碳、铬含量及铬碳比（>4），确保 100%共晶碳化物呈现为 M_7C_3 型，其含量要适宜（质量分数为 25.0%～35.0%）并呈孤立状均匀分布于含高碳高铬的基体组织中，其尺寸适宜（最大长度<120μm），显微硬度>1400HV。

亚共晶成分的高铬白口铸铁共晶点的碳含量，随 w(Cr) 的增加而降低。共晶碳含量 w(CE) 可参照下面的经验公式计算（当硅的质量分数大于 1.3%时，也应考虑硅的影响）。

$$w(\mathrm{CE}) = 4.40 - 0.054w(\mathrm{Cr})$$

w(CE) 与 w(Cr) 的关系也可参照表 6-11。

表 6-11　w(CE) 与 w(Cr) 的关系

w(Cr)(%)	15	20	24	25	26	27	28
w(CE)(%)	3.6	3.3	3.1	3.05	3.0	2.95	2.9

要有的放矢地合理选用常用的主要辅助元素（如硅、锰、镍、钼、铜等）和微量合金元素（如硼、钛、稀土、钒、铌等），以确保高铬白口铸铁具有足够的淬透性，防止空淬时出现珠光体等中高温转变组织，改善奥氏体转变特性，促使 *Ms* 点高于室温，以利于得到韧性和硬度相配合的、细化的理想基体组织和共晶碳化物。要选用有害元素含量（磷和硫等）和有害气体含量（氧和氢及氮等）低的原辅材料，有效减少夹杂物含量及级别，提高高铬白口铸铁纯净化程度，从而改善冶金质量。

2. 主要元素

正如前面所说，当铬的质量分数大于 11.0%且铬碳比大于 4 时，低铬白口铸铁中常见的连续、片状的 $(Fe,Cr)_3C$ 型共晶碳化物被断续、孤立状的 $(Fe,Cr)_7C_3$ 型所代替。这种 M_7C_3 型共晶碳化物不但比 M_3C 型共晶碳化物硬度高，而且具有一定韧性，在冲击条件下不易碎裂。相同体积分数的 $(Fe,Cr)_7C_3$ 共晶碳化物，因其尺寸小、呈孤立状均匀分布、其周长和形状因子增长等原因，与基体组织紧密连接的接触表面大，既保护了基体，同时对碳化物也有较好的支撑和保护作用。

铬白口铸铁的组织和性能，在某种意义上讲，主要取决于铬和碳的含量。当高碳低铬（铬碳比<4）时，共晶碳化物呈现 M_3C 型结构，当碳与铬适当配合且铬碳比大于

4 时，则可得到理想 M_7C_3 型共晶碳化物，其硬度达 1400～1800HV，属六方晶系。这种共晶碳化物由于分布孤立，呈现团球状和蠕虫状，对基体的割裂作用较小，使高铬白口铸铁的韧性较好。碳含量决定碳化物数量，随着碳含量增加，碳化物数量增加，耐磨性提高。但随着碳含量增加，基体中固溶合金元素减少，使基体得不到强化，淬透性降低。很多研究都提出了高铬白口铸铁碳含量与耐磨性的关系。无论是淬火态或铸态，其耐磨性先是随碳含量增加而提高，当碳的质量分数达到 3.0%～3.3%时，其耐磨性最佳，进一步提高碳含量其耐磨性会逐渐降低。对于相同成分的高铬白口铸铁，其淬火态的耐磨性优于铸态。

铬含量决定共晶碳化物结构和数量及分布，高铬白口铸铁之所以具有优越的耐磨性，主要是显微组织中抗磨相共晶碳化物 100%呈现 M_7C_3 所致。在共晶碳化物与耐磨性的关系中，耐磨性也是先随共晶碳化物含量增加而提高，当共晶碳化物的体积分数增加到 30.0%时，耐磨性的提高就不明显了。因此生产高铬白口铸铁铸件时，适宜控制共晶碳化物含量是十分重要，由 $w(\mathrm{CE})$ 与 $w(\mathrm{Cr})$ 的关系，可用下式计算共晶碳化物的体积分数 K：

$$K=11.3w(\mathrm{C})+0.5w(\mathrm{Cr})-13.4\%$$

也可按下式估算：

$$K=12.33w(\mathrm{C})+0.55w(\mathrm{Cr})-15.2\%$$

铬对合金奥氏体区域影响较大，随着铬含量的增加，先是扩大奥氏体区域，后是缩小奥氏体区域。

铬除与碳形成碳化物外，还有部分溶解于奥氏体中，可提高淬透性，强化基体。当碳含量不变，增加铬含量或铬含量不变，降低碳含量，均能使淬透性提高。基体中的铬含量可按以下公式计算：

$$w(\mathrm{Cr})=\left[1.95\frac{w(\mathrm{Cr})}{w(\mathrm{C})}-2.47\right]\%$$

随着铬含量的增加，高铬白口铸铁的耐热性和耐蚀性也有较明显的提高，这与铬易生成致密氧化膜和有效提高基体电极电位，以及提高基体显微硬度有关。高铬白口铸铁基体中的铬的质量分数一般控制在 9.0%～14.0%为宜。

铬和碳的搭配要遵循接近且稍低于共晶碳含量的原则，以确保亚共晶成分和细亚共晶组织，同时得到最佳铸造工艺性能，如超过则组织中会出现如图 6-3 中所示的粗大的过共晶初生碳化物。

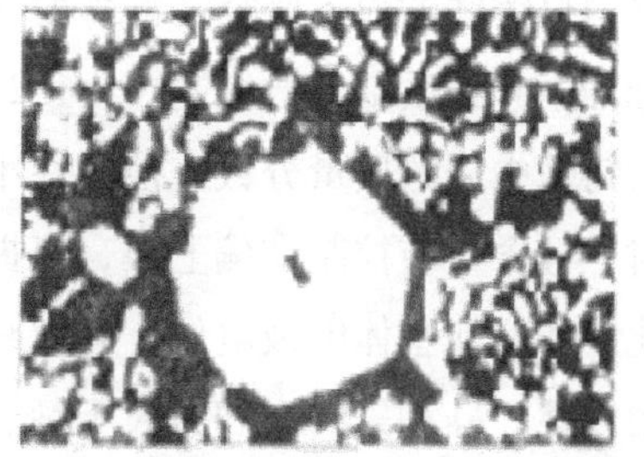

图 6-3　初生碳化物（六角形）×450

初生碳化物的横截面外形呈规则的六角形，其内部有共晶成分的组织及缩孔，这种粗大的初生碳化物在磨料颗粒的冲击挤压下会碎裂剥落（见图 6-4），成为细小碳化物碎粒，夹在磨料中间造成磨料磨损。当细小碳化物碎粒压入磨损表面，会形成显微沟槽，导致磨料磨损加剧。

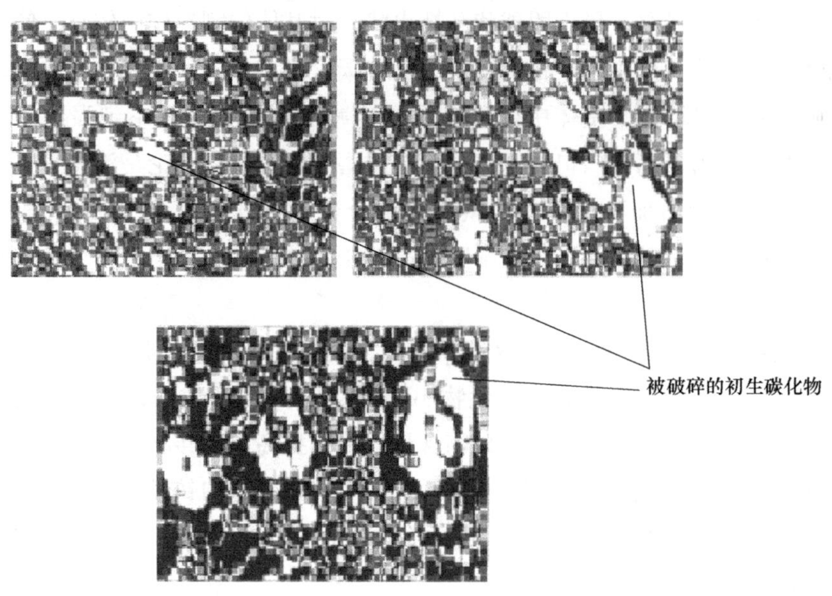

图 6-4　破碎的初生碳化物×450

3. 辅助合金元素

在高铬白口铸铁中，辅助合金元素和微量合金元素的作用不可低估，更不能忽视。有些元素可以直接形成抗磨相碳化物，从而有利于提高耐磨性；有些元素将改变奥氏体相变行为和特性，明显提高基体组织的耐磨性、耐蚀性、耐热性；有些元素可以细化晶粒，尤其是共晶碳化物，同时改善共晶碳化物的形状和分布等。高铬白口铸铁之所以可以成为综合性能优良、应用范围广的优良抗磨材料，与辅助合金元素和微量合金元素的科学合理使用有很大关联的。主要辅助合金元素一般指硅、锰、钼、镍、铜等合金元素。

（1）硅　在高铬白口铸铁中，硅的质量分数一般控制在 0.6%~1.3%之间。随着高铬白口铸铁的深入研究，许多发达国家标准中硅的质量分数控制在≤1.5%，我国国家标准中硅的质量分数控制在≤1.2%，在生产中多数控制在 1.0%~1.3%，改变了高铬白口铸铁中硅的质量分数应控制在小于 1.0%的传统观念。尤其是生产湿磨高铬白口铸件时，硅含量应控制在偏上限，以提高耐蚀性。硅促使磨损表面易形成致密的二氧化硅钝化膜和增加基体电极电位，有效减少基体与共晶碳化物之间电极电位差，这有利于提高耐蚀性。硅和氧的亲和力大于锰、铬、钒等，因此较高的硅含量在熔化过程中，可以减少这些元素的氧化损失。硅减少共晶反应温度范围，缩小液—固两相共存区的范围，促使共晶碳化物变得较细，分布更加孤立。较高含量的硅有利于改善高铬白口铸铁的铸造工艺性能（流动性），提高脱氧效果及改善共晶碳化物形状。由于硅与铁的亲和力大于铬与铁的亲和力，凝固时硅能置换出铬，增加铬碳比以及铬与碳形成碳化物的机会，从而增加共晶碳化物数量。硅的原子半径大，固溶强化作用强于原子半径小于硅的锰、镍、铬、钨、钼、钒等，因此能显著提高奥氏体及转变产物的弹性极限、屈服强度及疲劳强度，可以有效提高材料的耐磨性。固溶于 γ-Fe 中的硅能有效减少碳在 γ-Fe 中的溶解度，提高 *Ms* 点（就提高 *Ms* 点的效果而言，硅的能力约为钼的一倍以上），减少铸态或淬火态高铬白口铸铁中的残留奥氏体含量等。值得指出的是，硅的质量分数超标时（>1.5%），因降低淬透性将影响高铬白口铸铁的耐磨性，同时硅的原子半径较大易引起晶格歪扭，从而增加高铬白口铸铁的脆性，提高高铬白口铸铁的脆性转变温度等，因此受冲击载荷较高的高铬白口铸铁件，硅的质量分数一般不宜超过 1.3%。

综上所述，硅在高铬铸铁中起着双重作用，在生产中尽可能做到既充分发挥硅的有利作用，又要抑制硅的不利影响。高铬白口铸铁件硅的质量分数控制在 1.0%~1.3%为宜。

（2）锰　高铬白口铸铁中的锰既能进入碳化物，又能溶解于基体中，扩大 γ 相区稳定奥氏体，显著降低 *Ms* 点。当锰和钼联合使用时，对提高淬透性有良好的效果。锰对高铬白口铸铁凝固过程的主要影响，是改变初生奥氏体的析出温度和合金凝固温度范围。铬、碳的质量分数分别为 15%、3%的高铬白口铸铁的初生奥氏体析出温度和共晶析出温度，随锰含量提高而下降，其影响程度分别列于表 6-12 和表 6-13。

表 6-12　高铬白口铸铁的初生奥氏体的析出温度和共晶析出温度

锰(质量分数,%)	初生相析出温度/℃	共晶相析出温度/℃
0.5	1248	1235
1.0	1247	1233
1.5	1246	1231
2.0	1245	1230

表 6-13　锰对高铬白口铸铁凝固温度范围的影响

锰(质量分数,%)	凝固温度范围/℃
0.5	15
2.23	14
4.50	9
5.0	5

由于锰对凝固过程有上述影响，使锰含量较高的高铬白口铸铁初生奥氏体枝晶细化，数量增加，相应减少了共晶组织的尺寸，有利于提高耐磨性。研究表明，锰含量的变化并没有明显改变高铬白口铸铁中 γ-Fe、$M_{23}C_6$、M_7C_3 等的点阵常数，对高铬白口铸铁共晶碳化物数量、结构及形态分布特征没有显著的影响，少量的锰碳化物固溶于铬

的共晶碳化物中，经 X 射线衍射分析其呈现多片状。

值得关注的是，铬、锰含量较高的奥氏体组织，具有良好的韧性、塑性和加工硬化特性。在冲击载荷或压应力作用下，容易生成马氏体，使磨损表面形成硬化层，提高耐磨性。在承受冲击载荷或压应力作用的高铬白口铸铁件，采用含锰奥氏体高铬白口铸铁，能取得良好效果。锰会推迟珠光体转变孕育期，但一定条件下，锰对贝氏体转变却有促进作用。适当调整高铬白口铸铁的铬碳比、硅锰比（提高硅含量），控制适宜锰含量，通过适宜的热处理工艺可以制造出奥氏体+贝氏体组织的高铬白口铸铁，这种高铬白口铸铁具有良好的综合力学性能。

锰与钼联合使用可以有效地提高淬透性，在碳的质量分数为 3.0%左右，铬的质量分数为 13%左右的亚共晶高铬铸铁中，加入适宜钼（0.5%）和较多的锰（3.5%）时，能淬透 140~150mm 壁厚的铸件。

锰含量较高易引起偏析现象，且增加残留奥氏体含量。常用高铬白口铸铁中锰的质量分数一般控制在 0.8%~1.5%为宜。

（3）钼　高铬白口铸铁中的钼，一部分进入共晶碳化物或与碳形成碳钼化合物，一部分溶入奥氏体及其转变组织中。在亚共晶高铬白口铸铁中，溶入奥氏体基体及其转变组织中的钼主要是提高淬透性，同时细化晶粒并提高热稳定性及热硬性。多数研究结果表明，钼在铁液凝固过程中的平衡分配系数为 0.45 左右。钼在亚共晶高铬白口铸铁基体中的含量约为合金总量的 25%，多数钼进入到共晶碳化物中。钼在基体组织与共晶碳化物中的分配比例与高铬白口铸铁的碳含量及铬碳比有关。碳含量较高、铬碳比低时，基体钼含量较低，反之则相反。

高铬白口铸铁中的钼碳化物有多种结构，主要碳化物有 MoC（2250HV，六方点阵）、Mo_2C（1800~2200HV，六方点阵）、$(Mo, Fe)_{23}C_6$—$Fe_{21}Mo_2C_6$（1600~1800HV，立方点阵）、$(Mo, Fe)_6C$—Fe_3Mo_3C（1600~2300HV，立方点阵）。高铬白口铸铁中的 $(Mo, Fe)_{23}C_6$—$Fe_{21}Mo_2C_6$（1600~1800HV，立方点阵），高于铁-碳-铬三元共晶点的温度优先形成，将占用液相中的一部分碳原子。凝固后的冷却过程中，将析出高硬度 Mo_2C（1800~2200HV，六方点阵）和铁钼金属间化合物，有效提高耐磨性。随铬含量的增加，钼在基体中溶解量下降。钼对高铬白口铸铁基体组织的相变特性有明显影响。主要表现在强烈推迟奥氏体的珠光体转变，使高铬白口铸铁连续冷却转变曲线向右推移。以碳、铬的质量分数分别为 2.9%、17.5%的高铬白口铸铁为例，不加钼与加入质量分数为 2.4%钼的避免珠光体转变的半冷却时间，由 10min 提高到 133min。国外某公司的研究结果也表明，钼对经脱稳处理的奥氏体转变动力学有明显的影响。

有研究表明，钼对不同铬碳比的高铬白口铸铁，以不同冷速连续冷却后产生的基体组织的影响，即铬碳比和钼含量与空冷试样不出现珠光体的最大直径 D_{max} 之间存在如下的关系：

$$\lg D_{max}=0.32+0.158w(Cr)/w(C)+0.385w(Mo)$$

此式适用于化学成分（质量分数）为 C 2.0%~4.3%、Cr 11%~26%、Mo<4%、铬碳比为 4~10.2 的高铬白口铸铁。

钼在高铬白口铸铁中能显著提高 *Ms* 点，减少室温基体组织中的残留奥氏体含量。众所周知，在碳含量相同的前提下，增加合金元素一般都有降低 *Ms* 点的倾向（钴和铝除外）。但是由于固溶于 γ-Fe 中的钼会显著降低碳的溶解度，而减少 γ-Fe 中碳含量对 *Ms* 点的影响远大于钼溶入 γ-Fe 的影响，因而钼能有效提高 *Ms* 点。

在相同铬碳比的情况下，增加钼含量可通过空冷获得马氏体的高铬白口铸铁件。随着铸件当量壁厚增加，钼含量也随之增加。生产不同壁厚铸件时，控制好钼含量是十分重要。

钼在高铬白口铸铁中的适宜含量，应根据铬含量、铬碳比和铸件壁厚而定。在铬含量相同的情况下，铬碳比较高时，加钼量可以有所减少。在特定的成分范围内，确定具体加钼量，除上述的因素外还要考虑铸型种类（金属型或砂型或铁型覆砂等）和其他合金元素的加入量（镍、铜）等因素。

钼是一种昂贵而稀少的合金元素，很多国家都短缺，生产中应尽可能减少其用量，根据铸件结构特点，钼的质量分数一般控制在<3.0%。

（4）镍　镍不溶于碳化物中，全部固溶于基体中，从而可以扩大奥氏体相区，是稳定奥氏体的主要合金元素。在高铬白口铸铁中镍与铜相似，有助于降低合金的临界冷却速率，同时也使 *Ms* 点温度降低。镍含量越高 *Ms* 点越低，在高铬白口铸铁中镍的质量分数超过 1.5%时，铸态组织中产生过冷奥氏体是难以避免的。镍降低 *Ms* 点的倾向低于锰。多数研究结果表明，当加入质量分数为 1%的镍时，各元素对 *Ms* 点温度的影响为：Si 为 22℃，Cr 为 5℃，Mo 为-7℃，Cu 为-17℃，Ni 为-41℃[w(Ni)<2%时]，Ni 为-14℃[w(Ni)>2%时]，Mn 为-40℃。

在高铬白口铸铁中同时加入镍和钼时，降低冷却速率的作用比单一加入钼或铜时更为显著，因此厚壁铸件加入适当的镍是十分必要的，其效果也良好。H. S. Avery 研究结果表明，在高铬白口铸铁中镍的质量分数有最佳值，约为 1.0%。高于或低于此值时，其耐磨性均有下降。其主要原因是低于此值时，不能使厚壁铸件淬透；而高于此值时，残留奥氏体量将随镍含量的增加而增加。研究表明，不含钼的 Cr15 型高铬白口铸铁中镍的质量分数约为 3.0%时，可获得最高硬度，高于或低于此值时其硬度均下降。单独加镍时，高铬白口铸铁的硬度比单一加铜还高。这是由于镍可以强化基体，提高淬透性和韧性、耐蚀性、耐磨性及耐热性。

镍是比较稀缺的贵重元素，应注意节约使用。生产要求良好耐磨性、优良韧性的厚壁铸件时，加入适宜镍并同时加入适宜钼或铜是十分必要，一般镍的质量分数控制在 1.0%左右，镍与铜的总的质量分数一般控制在 1.5%为宜。

研究表明，铬、钼的质量分数分别为 12.0%~15.0%、0.5%~3.0%的高铬白口铸铁，镍的质量分数控制的上限为 0.5%；铬、钼的质量分数分别为 20.0%~25.0%、

1.0%~2.0%的高铬白口铸铁，镍的质量分数控制的上限为1.5%。

（5）铜　铜在铁-碳系合金中有扩大γ相区、稳定奥氏体及强化固溶体的作用，尤其是强化固溶体的作用十分显著，生产中既要充分利用铜的这有利的一面，同时也要防止过多的铜析出富铜相组织从而降低耐磨性。铜不像镍能无限连续固溶于铁中，随温度的下降铜在铸铁中的溶解度急剧减少，过多的铜会析出富铜相组织。因此，高铬白口铸铁中选择适当含量的铜也是十分重要的。

铜与碳不形成化合物，但固溶于铁中的铜原子，可以存在于铁碳或铁碳铬的化合物中，增加其硬度。

铜使奥氏体向珠光体和贝氏体转变的孕育期延长，但是在高铬白口铸铁中单独加铜，并不能显著提高材料淬透性，且对高铬白口铸铁奥氏体等温转变图的形状和 *Ms* 点几乎没有影响。

生产中通常将铜和钼复合加入高铬白口铸铁中，这样在推迟奥氏体转变孕育期、提高淬透性方面，比单独加钼有更好的效果。国外研究结果也证实这一结论，即加铜后马氏体转变的半冷却时间相应增加，同时还避免了珠光体转变的半冷却时间增加。这充分说明，铜促进钼提高淬透性的作用十分明显。许多研究数据表明，钼和铜复合加入高铬白口铸铁，冷却后的硬度高于钼和锰或钼和镍复合加入的高铬白口铸铁。

铜在高铬白口铸铁中的作用，与铜和铬分布在奥氏体和碳化物中比例有关。合金凝固时，一小部分铜进入碳化物，有利于提高碳化物硬度，大部分铜固溶于奥氏体基体中，铜原子阻止奥氏体中的碳和铁原子的位移，将导致转变孕育期的延长。

铜能强化基体、提高淬透性及耐蚀性，但其作用小于镍。在高铬白口铸铁中，铜的质量分数一般控制在<2.0%，当材料中含有镍时，加铜量可以适当降低。

4. 微量合金元素

（1）铌　铌和碳的亲和力很强，可形成十分稳定的NbC或Nb_4C_3，其硬度高达2400HV，有利于提高耐磨性。溶于奥氏体中的铌起到阻止晶粒长大而细化晶粒的作用，同时推迟奥氏体向珠光体转变的孕育期。铌对贝氏体转变没有明显影响，这一点与钼的作用十分相似。亚共晶高铬白口铸铁凝固时，铌的分配系数很低，只有十分微量的铌溶入奥氏体，随后共晶反应过程中形成NbC-γ-Fe共晶组织。固溶于奥氏体的少量铌对基体的转变行为有较明显影响。为了充分发挥铌的作用，含铌高铬白口铸铁应采用在较高温度下保温一定时间，然后急冷的热处理工艺，使NbC分解的铌转移到固溶体中，从而有利于得到具有良好强韧性、高硬度的理想基体组织。铌的质量分数<1.0%对提高高铬白口铸铁耐磨性是十分有效，然而超过1.0%后其磨损率反而上升。在电子显微镜下检查磨损面时，发现在亚表层中存在大量裂纹，磨损率上升的原因可能与过多的铌增加了碳化物含量，从而增加材料脆性所致。因此高铬白口铸铁的铌的质量分数一般不超过0.1%，如热处理适合，铌的质量分数在0.05%以内就能充分显示其微合金

化的效果。

（2）钒　高铬白口铸铁中微量的钒（质量分数为 0.01%~0.1%）可以细化晶粒，也可以减少粗大的柱状晶组织，并改善碳化物形态。铸态时，钒与碳结合既可以生成初生碳化物，又可以形成二次碳化物，使基体中的碳含量降低，提高了 *Ms* 点，从而有利于铸态获得马氏体。研究和生产实践表明，高铬白口铸铁中钒与钛按一定比例搭配同时加入时，其效果更加显著。

有时钒作为主要合金元素添加在高铬白口铸铁中，正如上述的在化学成分（质量分数）为 C 2.8%、Si 1.2%、Mn 0.8%、Cr 15.0%的高铬白口铸铁中加入 1.0%钼、4.0%钒时，对于一定壁厚范围内的铸件，铸态可以得到马氏体基体和含钒共晶碳化物。

（3）硼和钛　在高铬白口铸铁中硼和钛的主要作用：一是细化晶粒（增加自成复合形核质点，如硼化钛），尤其是共晶碳化物；二是提高淬透性，硼的作用尤其明显。

质量分数为 0.001%的硼（极为微量）元素的作用相当于质量分数为 2.5%的镍、0.45%的铬、0.35%的钼及 0.85%的锰。在高铬白口铸铁中硼的质量分数控制在 0.002%~0.003%为宜。

钛含量与硼含量匹配要适宜，硼和钛最好在孕育+变质工艺阶段加入到经终脱氧过的铁液中，其微量合金化效果，尤其在细化组织方面的效果更为显著。这是因为凝固时硼、钛易形成高熔点自成复合形核质点（如硼化钛），改变形核生成条件，显著增加形核质点数量和密度。

（4）稀土（RE）　随着高铬白口铸铁的深入研究和生产实践，稀土合金在高铬白口铸铁中已得到广泛应用。研究和生产实践表明，适宜含量的稀土合金在高铬白口铸铁中的主要作用一是细化晶粒，二是净化铁液改善冶金质量，三是控制铸态共晶碳化物和夹杂物尺寸并改善其形貌和分布，从而改善高铬白口铸铁的力学性能，提高其耐磨性。

多数研究主要集中在稀土的净化和细化作用上，对稀土合金在高铬白口铸铁中的行为、作用机制的研究甚少，尤其是加入量的试验数据不多。作者通过金相显微组织观察和 SEM 及 EDS 分析，利用测定润湿角和润湿高度方法，测量高铬白口铸铁相界面表面张力，通过电子万能试验机测试拉伸性能及其断口形貌特点的观察和分析等方法，初步揭示了稀土合金在高铬白口铸铁中的行为和作用：在高铬白口铸铁中，随着稀土含量的增加（质量分数为 0.02%~0.06%时），高铬白口铸铁组织（尤其是共晶碳化物）明显细化。

这是因为：一是稀土与氧、硫亲和力较大，在高铬白口铸铁铁液中易形成高熔点稀土氧化物、稀土硫化物及稀土金属间化合物（REO_2S、Ce_2O_2S、CeS、Ce_2O_3 等），将有效地改变凝固时形核生成条件，增加其形核质点密度和数量，为细化组织创造有利条件；二是稀土是表面活性物质，将降低相界面的表面张力，从而降低晶核形成，激剧增加晶核形成速度，为细化晶粒创造有利条件；三是在结晶过程中，稀土元素在基体和其他相中分配系数很小，其表面活性大大增加，增强了吸附能力。由于稀土的选择性吸附，大多数稀土富集在正在择优成长的共晶碳化物晶体与铁液的界面上，建立起一层吸附薄膜，改变晶体的成长条件，阻碍铁液中的碳和铬等元素向共晶碳化物晶体扩散，降低择优成长共晶碳化物晶体沿［010］晶向成长速度；而与［010］晶向相垂直的［001］或［100］晶向晶体表面因没被稀土吸附而没能形成稀土膜，铁液中的碳和铬等元素向共晶碳化物晶体扩散，成长速度加快，促使共晶碳化物呈现团球状+蠕虫状，使铸态共晶碳化物形状和分布得到显著改善，如图 6-5 所示。

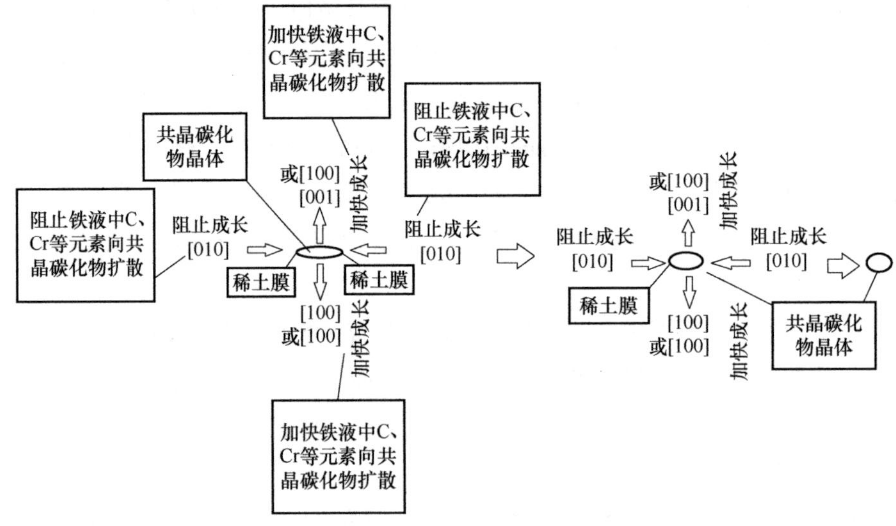

图 6-5　稀土膜影响共晶碳化物晶体成长的示意图

稀土可以明显净化和改善高铬白口铸铁冶金质量，同时起到微合金化作用，主要表现在：

1）稀土有良好的脱硫脱氧作用，可以有效减少氧化物和硫化物的夹杂物，脱氧、脱硫生成的 RE_2O_2S、Ce_2O_2S、CeS、Ce_2O_3 形成渣上浮被去除。

2）RE 或 Y 与铁液中低熔点有害元素 Pb、As、Bi、Sb、Sn、Zn 等生成高熔点金属间化合物，形成渣上浮被去除。

3）稀土的吸附作用和孕育+变质作用可以减少同体积含量夹杂物的尺寸大小，增加其周长和形状因子，明显改善其形状（更加圆整）和分布（更加均匀），显著降低夹杂物的不利影响。研究表明，在高铬白口铸铁液中稀土的实际质量分数为 0.03%左右时，净化和改善高铬白口铸铁冶金质量效果最佳。即便存在稀土复合硫化物等夹杂物，其呈现弥散分布，尺寸很小（平均尺寸为 2.5~3.0μm），呈不规则的椭球状，从而降低了夹杂物对高铬白口铸铁的不利影响。稀土的实际质量分数为在 0.04%~0.06%时，稀土硫化物、稀土氧化物、稀土金属间化合物夹杂物就会增多，生成脆性稀土金属间化合物，增大夹杂物平均尺寸，可达 5.5~6.0μm，稀土夹杂物呈尖角状与长条形，且易聚集成串，导致应力集中，促使裂纹的萌生—扩展—断裂，从而明显增加了夹杂物对高铬白口铸铁的有害影响。

4）稀土起到微合金化作用，在高铬白口铸铁中，当稀土固溶度为 0.025%～0.03%时，与 Fe 形成置换式固溶体，起到固溶强化作用。稀土易与 Fe 或其他合金元素或杂质形成化合物，增强了原子间结合力，阻碍位错运动，起到强化晶界微合金化作用。

综上所述，高铬白口铸铁中稀土残余质量分数控制在 0.025%～0.030%为宜，不得超过 0.04%。

5. 严格控制有害元素

硫、磷是高铬白口铸铁中常存的有害元素，其质量分数控制得越低越好，一般控制在<0.05%为宜。值得指出的是，硫是高铬白口铸铁形成各类硫的夹杂物的根源，会严重降低高铬白口铸铁纯净度和冶金质量，不仅降低力学性能（夹杂物处易引起应力集中），同时也影响耐磨性（夹杂物处易成为局部磨损和腐蚀磨损起点，从而加速局部失效的进程）。

当磷的质量分数超过 0.08%时，易形成硬而脆的复合磷共晶，使高铬白口铸铁更加脆，易导致冷裂。

氧是形成各种氧化物杂质的根源，也是高铬白口铸铁中常存的有害气体。随着氧含量的增加，高铬白口铸铁中各种氧化物，如铬氧化物、硅氧化物、锰氧化物等夹杂物必然增多，严重影响了高铬白口铸铁冶金质量。因此在熔炼中要重视并认真实施沉淀脱氧和终脱氧工艺，使氧含量控制在最低水平（质量分数$<25\times10^{-4}\%$），最大限度降低氧的不利影响。

生产实践表明，高铬白口铸铁中残留稀土和铝含量超标时，易形成稀土硫化物、稀土氧化物、稀土间化合物和氮化铝等夹杂物，严重恶化高铬白口铸铁耐磨性和力学性能（变脆）。因此熔炼中应给予足够重视，严格控制残留稀土含量（质量分数<0.04%）和铝含量（质量分数<0.04%）十分必要。

根据铸铁件的结构和使用环境及磨损特点，有的放矢地选用主要元素、辅助元素和微量合金元素，有效限制有害元素含量，优化设计其化学成分并严格控制波动范围，是高铬白口铸铁件生产中的关键环节，是高铬白口铸铁熔炼的重要任务。多年来的生产实践证实，只有这样才能获得高硬度、小尺寸、呈孤立状均匀分布、确保基体连续性的理想共晶碳化物，同时获得有效支撑共晶碳化物的高硬度、细晶粒、适宜强韧性、优异耐磨性和耐蚀性或耐热性的理想基体组织，而且只有这样才能获得性价比良好的优质高铬白口铸铁件。根据高铬白口铸铁件的使用环境、磨损特点、铸件结构特点等实际情况，高铬白口铸铁件可选用铬 12 型、铬 15 型、铬 20 型或铬 26 型亚共晶高铬白口抗磨铸铁。

表 6-14 中给出了对于高铬白口铸铁板锤，按上述“优化设计高铬白口铸铁化学成分基本原则”，优化设计其化学成分与严格控制波动范围的典型实例。

表 6-14　化学成分的优化设计及严格控制

序号	化学成分(质量分数,%)											
	C	Si	Mn	P	S	Cr	Ni	Mo	Cu	B	Ti	V
1	3.1~3.3	0.8~1.2	1.0~1.2	≤0.04	≤0.04	20~26	0.8~1.0	0.8~1.0	0.2~0.4	极微量 0.0025~0.003	极微量硼含量的3倍	极微量钛含量的3倍
2	3.1~3.3						0.5~0.7	0.6~0.7				
3	3.1~3.3						0.3~0.4	0.3~0.5				

注：1. 化学成分中应含有质量分数为0.025%~0.03%的稀土元素（RE）。
2. 碳的质量分数不得低于3.1%，不得高于3.3%，同一板锤不同炉次碳的质量分数波动范围控制在<0.05%。
3. 中小型板锤中Cr、Ni、Mo、Cu含量控制在中低限，大型板锤中Cr、Ni、Mo、Cu含量控制在中上限。同一板锤不同炉次的Cr（质量分数<0.2%）、Ni、Mo、Cu含量波动范围控制得越小越好（质量分数均<0.05%）。
4. 严格控制B、Ti、V、RE含量及Al含量（质量分数<0.04%），不得超标。

6.3.2　认真开展熔炼过程控制

1. 认真进行配料计算

按优化设计成分和严控成分波动范围的要求，认真进行配料计算（不得估算）。配料计算时，首先要确切掌握所用炉料的化学成分，其次要正确掌握熔炼用中频感应电炉的熔炼特性，即熔化过程中各种元素的增减（烧损或增加）规律，以确保准确计算最佳成分含量和所用炉料的组成比例，按铸件重量准确确定所用炉料的重量。

值得指出的是，炉料的组成中，回炉料（浇冒口系统、废品）与外购废旧高铬白口铸铁铸件等的比例最好控制在45%以内，避免回炉料的遗传性等不利的影响，熔化次数超过3次以上的回炉料要谨慎使用。

2. 选择最佳熔化时间和熔化温度

在确保熔化质量前提下，要采用一系列快速熔化的工艺措施，尽可能缩短熔化时间，以减少能耗和污染铁液的倾向。同时要严控最佳熔化温度，掌控合金元素的增减规律，以确保最佳熔化温度和最佳成分的稳定性。同批次铸件不同炉次最佳熔化时间的波动范围、最佳熔化温度波动范围都要认真控制。

3. 铁液质量的控制与炉前快速检验

熔化高铬白口铸铁过程中，当铁液温度达到1500℃左右时，在炉内距铁液表面200mm深处取炉前快速分析试样，分析其成分，依据结果快速调整成分，以确保成分控制在最佳范围内。同时按要求测定熔化温度、有害气体和夹杂物含量及级别等，以便将这些参数控制在最佳范围内。

4. 认真实施纯净化工艺

认真实施一系列纯净化工艺措施，尤其强调如下纯净化工艺措施，以满足纯净化各项指标的要求。

1）优化选用优质纯净清洁的各种熔化用原辅材料、优质清洁炉衬（尖晶石）、优质清洁的铁液包（包衬），有效降低夹杂物主要来源渠道，最大限度降低炉料、炉衬、包衬污染铁液的倾向。如同生活中优化选用优质清洁粮食、熬粥锅、喝水杯子一样，生产中要优化选用优质纯净清洁的各种炉料、炉衬、包衬，并自始至终要保持优质清洁。

2）在确保熔化质量的前提下，要采用快速熔化工艺力求缩短熔化时间，同时要严控最佳熔化温度，最大限度减少铬等元素氧化和过高温度铁液与炉衬发生反应污染铁液的概率。高铬白口铸铁的熔化温度控制在 1520~1530℃为宜，严格同批铸件不同炉次熔化时间的波动范围、最佳熔化温度波动范围。生产中建议采用“一拖二”中频感应电炉，以便快速熔炼并确保成分和温度的均匀性。

3）采用炉底或包底吹氩气的纯净化工艺措施，促使铁液中 H_2、N_2、SiO_2、MgO、Al_2O_3 等有害气体和夹杂物上浮，进一步提高铁液纯净化程度。

4）重视并认真控制阶段升温，重视多次造活性渣、多次扒渣、及时造保护渣工艺措施，以便及时去除夹杂物，有效隔绝大气与高温铁液的接触，同时防止夹杂物回炉。

5）认真实施炉内沉淀脱氧和终脱氧工艺措施，尤其是终脱氧工艺措施。为了获得更佳的终脱氧效果，经铝终脱氧后再用微量硅-钙-钡脱氧。硅-钙-钡的加入，既充分发挥了钙的脱氧能力强于铝的优势，同时克服了单独加钙难以与铁液中的氧充分反应的缺点。铝和钙配合使用，有良好的互补增益的效果。加硅-钙-钡后所形成的氧化钙与经铝脱氧所形成的细小的三氧化二铝起反应，将形成多种铝酸钙，且增大颗粒，易于上浮。常用的硅-钙-钡合金的化学成分与密度见表 6-15。

表 6-15　常用的硅-钙-钡合金的化学成分与密度

序号	化学成分(质量分数,%)					密度/(g/cm^3)
	Ca	Si	Ba	Al	Fe	
1	14~17	57~62	14~18		≤5	2.87
2	10~13	38~40	9~12	19~21	≤7	3.2

值得再次强调的是，高铬白口铸铁中残留铝的质量分数一定要严格控制在小于 0.04%。当残留铝含量超标时，晶界易析出氮化铝，使高铬白口铸铁更脆。在生产中，每炉次都要分析其残留铝含量，以便其含量控制在最佳范围内。

6）认真实施防止二次污染的工艺措施，包括铁液出炉过程中、铁液包中、浇注过程中、铸型中等。

5. 认真实施孕育+变质工艺

孕育+变质工艺（一次和二次孕育+变质工艺）十分重要：一是可以有效改善形核生成条件和晶体成长条件，显著细化高铬白口铸铁组织，尤其是共晶碳化物，改善其形状和分布；二是能够进一步提高铁液纯净化程度，细化同体积含量夹杂物尺寸，改善其形状和分布；三是孕育剂+变质剂中含有的合金元素能起到良好的微合金化作用，明显提高高铬白口铸铁的综合力学性能。因此认真实施孕育+变质工艺是十分必要的工艺措施，应给予足够重视。

（1）炉内一次孕育+变质处理工艺　将极微量的易形成高熔点自成复合形核质点的多元素优化配置的一次孕育剂+变质剂，加入到经纯净化和终脱氧的温度在1520℃左右的炉内纯净铁液中，继续通电2min左右，即完成炉内一次孕育+变质处理工艺。当铁液温度达到1530℃左右时准备出炉。根据铁液处理量和铸件结构特点，一次孕育剂+变质剂的加入量（质量分数）一般控制在0.01%~0.02%，其粒度为5~10mm为宜，预先烘烤温度为150~200℃。

（2）二次孕育+变质处理及工艺　首先需优化选用二次孕育剂+变质剂，二次孕育剂+变质剂品种很多，多年来的研究和生产实践结果表明，由一定量的碱土金属和化学活性及吸附力强的元素优化配置的二次孕育剂+变质剂效果良好。它既具有细化晶粒、限制并阻止共晶碳化物晶体沿择优成长晶向的成长速度、加速与择优成长晶向相垂直晶向的成长速度的功能，同时也具有净化铁液和微合金化功能。这种二次孕育剂+变质剂，在高铬白口铸铁件生产中已得到广泛应用并得到良好效果。二次孕育+变质处理工艺，多数在包内实施，可采用包内冲入法（见图6-6）。

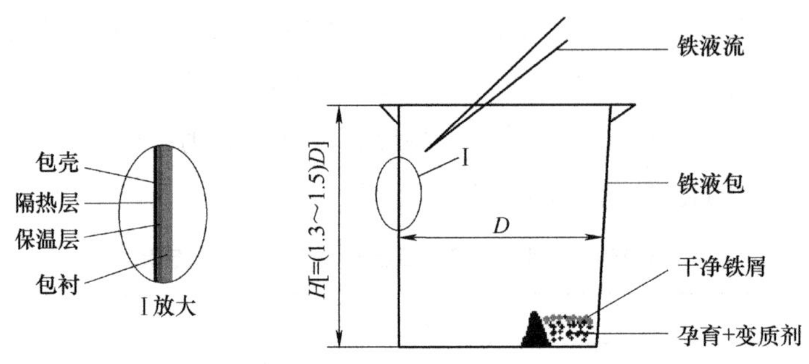

图6-6　二次孕育+变质处理工艺

孕育剂+变质剂加入量一般选择为处理铁液重量的0.3%~0.5%；温度1530℃左右为宜。在反应完毕后，包内用优质集渣剂反复扒净浮渣，一般2~3次，之后再撒一层集渣剂准备浇注。经孕育+变质处理过的铁液要求在10min内浇注完毕，以防因衰退降低其孕育+变质效果。

（3）孕育+变质工艺的注意事项　实施一次和二次孕育+变质工艺时，应注意做到如下几点：

1）一次和二次孕育剂+变质剂带入的诸多合金元素的含量要准确计算并严格控制在最佳范围内，不得超标。

2）二次孕育+变质处理工艺用铁液包，其结构形状及尺寸，要满足图6-6所示的基本要求，要具有良好保温效果（设有隔热和保温层），包衬要优质清洁。不得用水玻璃砂修包，最好采用优质尖晶石包衬。包内不得存在残铁、残渣等杂物。包衬要完整不得有凸凹不平和裂纹。孕育+变质处理前铁液包要烘烤 700℃以上等。铁液包始终要保持优质清洁，以最大限度降低铁液包包衬污染高铬白口铸铁倾向。

3）经孕育+变质处理前的高铬白口铸铁质量，如铁液成分、温度、有害元素和夹杂物含量与级别等冶金质量指标尽可能快速进行检验并控制在最佳范围内，以提高孕育+变质处理效果的稳定性。

4）为进一步提高经孕育+变质处理过的高铬白口铸铁纯净化效果，尽可能要实施包底吹氩气的纯净化工艺措施。

5）根据铸件结构特点严格控制浇注温度。经孕育+变质处理的高铬白口铸铁，要采用低温快速平稳充型浇注工艺；同时要确保同批铸件不同炉次浇注温度的波动范围控制在<5℃，以确保铸件铸造质量的稳定性。

6. 认真检验熔炼质量指标

铁液化学成分检验结果应在优化设计的成分控制范围内，如高铬白口铸铁板锤的化学成分应符合表 6-14 所示的控制范围。同一铸件不同炉次化学成分波动范围，即主要元素、辅助元素、微量合金元素的波动范围的检验要达到前述要求。铁液纯净化指标，主要是氧+氢含量、氮含量、稀土残留量、铝含量、夹杂物含量和级别、炉渣中 FeO 含量等，按照要求检验，其结果要达到前述的相关要求。同批铸件不同炉次的熔炼时间和熔化温度及浇注温度波动范围，按要求检验并达到相关要求。

多年来的研究和生产表明，只有认真实施上述高铬白口铸铁的熔炼工艺措施时，才能提供优质纯净的高铬白口铸铁铁液，所生产的高铬白口铸铁件，在使用时才能满足性能要求，达到安全、可靠、耐久、经济的目标。

第 7 章　抗磨白口铸铁件的热处理

7.1　基本要求

抗磨白口铸铁件热处理工艺（使用态），是获得最佳组织和最佳综合力学性能以及最佳状态的重要生产工序，是生产中不可忽视的工艺之一。它的基本任务是提出和制订最佳的热处理工艺并实施，以获得最佳组织和最佳综合力学性能以及无氧化或微氧化、无变形或微变形、低应力等最佳状态的抗磨白口铸铁件。对抗磨白口铸铁件热处理的基本要求可概括归纳为：优质、快速、低耗、长寿命、简便环保等五个方面，具体要求如下。

1）热处理后铸件质量要优质。一是铸件各区域内成分和组织要均匀、组织要理想，组织的组成及含量符合工况使用环境，铸件各区域内性能要达到相关要求，且其指标基本一致。二是热处理后铸铁件要无变形，或只有允许尺寸公差范围内的极微量的微变形；其变形量超出允许尺寸公差范围时，要采用适宜热矫正措施。铸件表面要无氧化或轻微氧化、无脱碳。三是同批铸件经不同炉次热处理后，铸件各项质量指标，如成分和组织均匀性、综合力学性能等要稳定、一致。

2）在确保铸铁件热处理质量的前提下，要缩短热处理生产周期。充分发挥热处理设备生产能力的关键在于缩短热处理生产周期，对于容量一定的热处理炉，要在确保热处理质量的前提下尽量缩短每炉次热处理时间，同时要合理利用炉膛有效空间，装炉要合理科学，以提高每立方米炉膛热处理铸件的量。

3）热处理耗费要少。为保证铸铁件热处理的经济性，应尽量削减与热处理有关的燃料、电力、耐火材料及其他辅助材料的耗费。

4）热处理炉寿命要长。热处理炉寿命长不仅有利于节约耐火材料和加热元件，减少修炉工时，而且还有利于提高热处理炉设备的利用率，同时便于实现热处理操作机械化与自动化，这是稳定热处理工艺的重要保证。

5）操作要简便易行环保。热处理设备，要确保炉内温度的均匀性和良好的密封性及保温性（防止散热）。热处理工艺参数控制要自控，热处理设备力求结构简单，运行安全可靠耐久，操作简便易行，尽量提高机械化和自动化程度，尽力消除对周围环境的污染和对周围环境温度的影响。我国耐磨行业常用的热处理设备不管是箱式电炉（含连续热处理炉）、煤气箱式炉还是钟罩式电炉，普遍存在密封性、绝热性及保温性欠佳、炉膛各部位温差较大（有的超过 20℃）、炉膛高温向外散热倾向较大的问题。不仅影响热处理质量、提高能耗和成本，同时也提高了周围环境温度，恶化工作环境。

7.2　工艺制订依据

制订抗磨铸铁件热处理工艺的依据：一是抗磨白口铸铁的基本化学成分；二是与化学成分相应的 Fe-C-M（合金元素）系平衡相图；三是与化学成分和 Fe-C-M（合金元素）系平衡相图相应的连续冷却转变曲线；四是相关的国内外热处理工艺和生产经验。制订抗磨铸铁件热处理工艺时要掌握的基本理论依据与注意事项详见 7.3 节。

正确掌握抗磨白口铸铁的成分，是正确制订抗磨白口铸铁件热处理工艺的首要依据。制订热处理工艺之前了解和正确掌握抗磨白口铸铁成分是十分必要的。正确掌握抗磨白口铸铁的基本成分，并依据成分寻找与成分相应的各类抗磨白口铸铁的 Fe-C-M（合金元素）系平衡相图和连续冷却转变曲线，是制订抗磨白口铸铁热处理工艺的另一方面主要依据。文献中分别论述了铬系白口铸铁的 Fe-Cr-C 系平衡相图及连续冷却转变曲线。在此基础上，与国内外生产实践中所积累相关热处理工艺及生产经验相结合，充分体现和考虑制订热处理工艺时要掌握的基本理论依据和注意事项时，便可正确地制订抗磨白口铸件相关的热处理工艺。

7.3　理论准备与注意事项

通过多年的研究和生产实践表明，只有正确地了解和掌握制订抗磨白口铸铁热处理工艺时需要掌握的基本理论依据与注意事项，方能结合实际抗磨铸件制订出合理正确的热处理工艺，方能确保抗磨白口铸铁件的热处理质量。制订抗磨白口铸铁热处理工艺时，需要掌握的基本理论依据与注意事项，归纳如下。

1）要掌握与抗磨白口铸铁相关的组织相结构，以得到所需的理想组织相结构。抗磨白口铸铁中的碳可溶入基体组织（马氏体或奥氏体等），还能与铁等合金元素化合形成渗碳体（Fe_3C-M_3C）或合金碳化物［如（Fe,Cr)$_7C_3$-M_7C_3、(Fe,Cr)$_{23}C_6$-$M_{23}C_6$、MC 等］。碳还可以以石墨状态独立存在于铸铁组织中。上述的固溶体、化合物和石墨，都属于铸铁中常见的组织相，对抗磨白口铸铁性能有显著影响。表 7-1 中列出了白口铸铁中常见的组织相结构。

表 7-1　白口铸铁中常见的组织相结构

名　称	代　号	说　明
马氏体	M	体心立方结构，碳在 M 体中的间隙固溶体
奥氏体	γ(A)	面心立方结构，碳在 γ 铁中的间隙固溶体
渗碳体或合金碳化物	Fe_3C 或(Fe,Cr)$_7C_3$、(Fe,Cr)$_{23}C_6$ 等	结构复杂的化合物

2）要掌握并熟悉与抗磨白口铸铁成分相关的铁-碳-合金（元素）相图，以便预测铸件的组织和组成。铁-碳-合金（元素）相图是各种铸铁件实施热加工工艺的基本理论基础。因此既要熟悉掌握常用的铁-碳相图，同时也要掌握并熟悉与抗磨白口铸铁相关的各类抗磨白口铸铁的铁-碳合金（元素）相图。常用的铁-碳相图有两种，一种是碳以 Fe_3C 状态存在时测出的 Fe-Fe_3C 相图，另一种是碳以石墨状态存在时测出的 Fe-C 相图。Fe_3C 是一种不稳的化合物，在一定的条件下会分解为铁和石墨，因而 Fe-Fe_3C 相图属于亚稳平衡相图，Fe-C 相图才是稳定平衡相图。因为抗磨白口铸铁中含有许多合金元素，常用的铁-碳相图不适合用于合金抗磨白口铸铁。在热处理前，应寻找与抗磨白口铸铁成分相关的铁-碳合金（元素）相图，作为制订热处理工艺的依据。Fe-Fe_3C（Fe-C）相图中的特性点见表 7-2。

表 7-2　Fe-Fe_3C 相图中的特性点

特性点	温度/℃	碳含量（质量分数，%）	说　明
A	1538	0	纯铁熔点
B	1495	0.53	在包晶转变温度下的液相碳含量
C	1148	4.3	共晶点
D	1227	6.69	渗碳体熔点
E	1148	2.11	碳在 γ 铁中的最大溶解度
F	1148	6.69	共晶转变线与渗碳体成分线的交点
G	920	0	α-Fe $\rightleftharpoons$ γ-Fe 同素异构转变点（A_3）
H	1495	0.09	碳在 δ-Fe 中的最大溶解度
J	1495	0.17	包晶点
K	727	6.69	共析转变线与渗碳体成分线的交点
M	770	0	α-Fe 磁性转变点（A_2）
N	1393	0	γ-Fe $\rightleftharpoons$ δ-Fe 同素异构转变点（A_4）
O	770	0.46	铁素体磁性转变时，与之平衡的奥氏体含碳量
P	727	0.0218	碳在 α-Fe 中的最大溶解度
Q	0	<0.008	碳在 α-Fe 中的溶解度[也有 $w(C)=2.3\times10^{-7}$ 的数据]
S	727	0.77	共析点

3）要掌握铁碳合金发生相变的临界温度和平衡组织。铸铁件热处理时，常用 Fe-Fe_3C 相图、Fe-C 相图或各类抗磨白口铸铁相关的铁-碳合金（元素）相图，可以查

出任一成分的铁碳合金发生平衡相变的温度，即临界点，且可预测它们在不同温度区间发生的相变过程以及冷却至室温可能得到的平衡组织。在表 7-3 中列出了铁碳合金常用临界温度代号。

表 7-3　铁碳合金常用临界温度代号

符　号	说　明
A_1	发生平衡相变 $\gamma \rightleftharpoons \alpha+FCe_3$ 的温度
A_3	在平衡条件下 $\gamma+\alpha$ 两相平衡的上限温度
A_{cm}	在平衡条件下 $\gamma+FeC_3$ 两相平衡的上限温度
Ac_1	铸铁件加热时开始形成奥氏体的温度
Ar_1	铸铁件冷却时奥氏体开始分解的温度（$\alpha+FCe_3$ 或 $\alpha+C$）
Ac_3	铸铁件加热时基体全部形成奥氏体的温度
Ar_3	铸铁件冷却时单一奥氏体开始发生 γ 转变 α 的温度

4）要掌握合金元素对铁碳合金平衡相变温度及铁碳相图中各特性点位置的影响。在表 7-4~表 7-6 中分别列出了生产中常用合金元素对铁碳合金特性点温度的影响、合金元素对铁碳合金相图特征点碳含量的影响、计算 *C*、*E*、*S* 坐标的经验公式。

表 7-4　生产中常用合金元素对铁碳合金特性点温度的影响　（单位：℃）

元素	铁-石墨系			铁-渗碳体系		
	C'	S'	E'	C	S	E
Si	+4	+(20~30)	+2.5	−(15~20)	+8	−(10~15)
Mn	−2	−35	−2	+3	−9.5	+3.2
P	−30	+6	−180	−37	+	−180
S	−	−	−	−	−	−
Cr	−	+8	−	+7	+15	+7.3
Ni	+4	−30	+4	−6	−20	+4.8
Cu	+5	−10	+5.2	−2.5	−	−2
V	−	+	−	+(6~8)	+15	+(6~8)
Al		+40			+40	

注：表中“+”表示提高温度；“−”表示降低温度。

5）要掌握合金元素在铸铁各种平衡相中的行为。表 7-7 和 7-8 中分别列出了合金元素在铁素体和奥氏体中的最大溶解度和合金元素在各种碳化物中的溶解情况。

表 7-5 合金元素对铁碳合金相图特征点碳含量的影响

元素	铁-石墨系			铁-渗碳体系		
	共晶点碳含量	奥氏体饱和含碳量	共析点碳含量	共晶点碳含量	奥氏体饱和含碳量	共析点碳含量
Si	-	-	-	-	-	-
Mn	+	+	-	+	+	-
P	-	-	-	-	-	-
S	-	-	+	-	-	-
Ni	-	-	-	-	-	-
Cr	-	-	-	-	-	-
Cu	○	○	○	○	○	○
Al	-	+	+	-	+	+
Ti	-	-	-	-	-	-( )

注：表中“+”表示提高；“-”表示降低；“○”表示无影响。

表 7-6 计算 *C*、*E*、*S* 坐标的经验公式

特性点	指标	经验公式
C	w(C)	4.3%-0.3[w(Si)+w(P)]-0.4w(S)+0.03w(Mn)-0.07w(Ni)-0.05w(Cr)
S	w(C)	0.77%-0.06w(Si)-0.05[w(Ni)+w(Mn)+w(Cr)-1.7w(S)]
E	w(C)	2.11%-0.11w(Si)-0.3w(P)+0.04[w(Mn)-1.7w(S)]-0.09w(Ni)-0.07w(Cr)
C	T/℃	1148-10w(Si)-30w(P)+30w(Cr)
S	T/℃	727+25w(Si)+200w(P)+8w(Cr)-30w(Ni)-35[w(Mn)-1.7w(S)]-10w(Cu)

表 7-7 合金元素在铁素体和奥氏体中的最大溶解度

元素	铁素体中		奥氏体中	
	温度/℃	溶解度(%)	温度/℃	溶解度(%)
Al	1094	36	1150	0.625
As	841	11.0	1150	1.5
B	913	0.002	1161	0.0021
C	727	0.0218	1148	2.11
Cr		无限	1050	12.0
Cu	851	2.1	1096	0~9.5
Mn	<300	>3.0		无限
Mo	1450	37.5	1150	0~4.0

（续）

元素	铁素体中		奥氏体中	
	温度/℃	溶解度(%)	温度/℃	溶解度(%)
N	590	0.1	650	2.8
Nb	989	1.8	1220	2.6
Ni	415	7.0		无限
O	910	0.03	910~1390	0.002~0.003
P	1049	2.55	1152	0.3
Pb	816	6.1		无限
S	914	0.021	1370	0.065
Sb	1003	~34	1154	2.5
Si	1275	13	1150	0~2.0
Sn	751	0~17.9	1100	0~1.5
Ti	1291	9.0	1150	0.71
V		无限	1120	1.4
W	1548~1560	35.5	1150	0~4
Zn	783	46.0	1100	8.0
Zr	926	0.8	1308	0~2.0

6）要掌握抗磨白口铸铁的抗磨相-碳化物结构与性质。在表 7-9 和表 7-10 中分别列出了抗磨白口铸铁中常见的碳化物结构与性质和高合金铸铁中可能出现的几种 Fe-M 化合物及晶体结构。

7）铸铁中钛、铝、锆、钒等元素与氮有较强的化学亲和力，在表 7-11 中列出了铸铁中常见到的氮化物的晶体结构。

8）要掌握各类抗磨白口铸铁连续冷却转变曲线。各类抗磨铸铁连续冷却转变曲线，将为制订抗磨白口铸铁热处理工艺，提供主要依据，在表 7-12 中列出了与高铬白口铸铁几种典型连续冷却转变曲线相对应的高铬白口铸铁主要成分和铬碳比。

9）要掌握主要合金元素和辅助合金元素及微量合金元素，在加热—保温—冷却过程中对转变组织的影响，以确保获得理想基体组织（详见前文）。

10）要掌握各种热处理用冷却介质的组成及对冷速或等温的影响。如空冷、风冷、雾冷（喷雾），各种液体介质如水、油、精细化工介质、盐浴等对冷速或等温及组织的影响。热处理时要使用优质纯净的各种热处理用冷却介质，且始终要保持其原有的特性和清洁度。

11）要全面了解和掌握所用热处理设备的相关特性，如功率、炉膛各部位温度均匀性（温差）、加热速度（℃/h）和炉冷速度（℃/h）及自控精度、最高加热温度、炉膛气氛、密封性、散热性、防氧化性、炉膛有效空间等。

表 7-8　合金元素在各种碳化物中的溶解情况

元素分子式	Fe	Mn	Cr	Mo	W	V	Nb	Ta	Zr	Ti	常见的其他分子式
Fe_3C	0	无限	16	0~6	1.3	0.6	0~0.1		0~0.1	0.15~0.25	$(Fe,M)_3$，$(Fe,Cr)_3C$
Cr_7C_3	55	多									$(Fe,Cr)_7C_3$
$Cr_{23}C_6$	35	多	溶	溶	溶	溶					$(Fe,Cr)_{23}C_6$，Cr_4C
$Fe_{21}W_2C_6$	溶	溶	溶	溶	溶	溶					$M_{23}C_6$，$(Fe,W)_{23}C_6$
$Fe_{21}Mo_2C_6$	溶	溶	溶	溶	溶	溶					$M_{23}C_6$，$(Fe,Mo)_{23}C_6$
WC				无限		不溶	不溶	不溶	不溶	不溶	
MoC				60~70（摩尔分数）	无限						
W_2C			0~50	无限							
Mo_2C			0~50		无限						
VC				多	85~95（摩尔分数）	50~57（摩尔分数）	无限	无限	1（摩尔分数）	无限	V_4C_3
NbC				溶	75~80（摩尔分数）	无限	52~56（摩尔分数）	无限	无限	无限	Nb_4C_3
ZrC				溶	60~65（摩尔分数）	5（摩尔分数）	无限	无限	50~67（摩尔分数）	无限	
TiC			溶	溶	92（摩尔分数）	无限	无限	无限	无限	50~75（摩尔分数）	M_6C
Fe_4W_2C	溶		溶	溶	溶	溶					M_6C，$(Fe,W)_6C$
Fe_4Mo_2C	溶		溶	溶	溶	溶					M_6C，$(Fe,Mo)_6C$

注：无标注者为质量分数（%）。

表 7-9　抗磨白口铸铁中常见的碳化物结构与性质

碳化物	结构类型	晶体结构	晶包中的原子数	r_C/r_m[①]	点阵常数[②]/0.1nm	熔点/℃	硬度 HV[③]
TiC	NaCl	面心立方	8(4Me+4C)	0.53	4.32	3150	2850
ZrC	NaCl	面心立方	8(4Me+4C)	0.49	4.46	3407~3447	2840
NbC	NaCl	面心立方	8(4Me+4C)	0.54	4.427~4.457	3550~3650	2050
VC	NaCl	面心立方	8(4Me+4C)	0.59	4.17	2650	2010
Mo_2C	ε-Fe、N	密排六方	3(2Me+C)	0.58	3.01;4.74	2400	1480
V_2C	ε-Fe、N	密排六方	3(2Me+C)	0.59		2180	
β′-W_2C	ε-Fe、N	密排六方	3(2Me+C)	0.56	2.99;4.71	2775~2795	
$Cr_{23}C_6$[④]	$Cr_{23}C_6$	复杂面心立方	116(92Me+24C)	0.62	10.64	1577	1000~1520
$Mn_{23}C_6$	$Cr_{23}C_6$	复杂面心立方	116(92Me+24C)	0.69		1010	1000~1520
$Fe_{21}W_2C_6$	$Cr_{23}C_6$	复杂面心立方	116(92Me+24C)				
$Fe_{21}Mo_2C_6$	$Cr_{23}C_6$	复杂面心立方	116(92Me+24C)	10.50			
γ-MoC	WC	简单六方	2(1Me+1C)	0.58	2.892;2.803	2550	
	WC	简单六方	2(1Me+1C)	0.56	2.894;2.822	2780~2790	1730
Fe_3C[⑤]	Fe_3C	复杂正交	16(12Me+4C)	0.62	5.079;6.729		950~1050
Mn_3C	Fe_3C	复杂正交	16(12Me+4C)	0.69		1050	
Fe_3W_3C	Fe_3W_3C	复杂立方	11(42Me_1+48Me_2+16C)	11.04		1890	
Fe_3Mo_3C	Fe_3W_3C	复杂立方	112(42Me_1+48Me_2+16C)	11.10		1890	
Cr_7C_3	Cr_7C_3	复杂六方	80(56Me+24C)	0.62	13.98;4.53	1820	
Mn_7C_3	Cr_7C_3	复杂六方	80(56Me+24C)	0.62		1768	
Fe_7C_3	Cr_7C_3	复杂六方	80(56Me+24C)	0.69		1340	

① 碳化物中的碳原子与其他元素的原子半径之比。
② 此栏的数据中，立方点阵为 a，六方点阵按 a、c 顺序；正交点阵按 a、b、c 顺序。
③ 换算值。
④ 铁和其他元素可置换其中的铬。
⑤ Cr、Mn、Mo、W 等元素可置换其中的铁。

表 7-10 高合金铸铁中可能出现的几种 Fe-M 化合物和晶体结构

分子式或代号	晶体结构	点阵常数/0.1nm
FeCr	四方	$a=8.800$ $c=4.544$
Fe_2Mo	六方	
Fe_7Mo_6	菱方	$a=8.97$ $\alpha=30°39'$
FeMo	四方	$a=9.188$ $c=4.812$
FeW	六方	$a=4.73$ $c=7.70$
Fe_7W_4	菱方	$a=9.02$ $\alpha=30°31'$

表 7-11 铸铁中常见到的氮化物的晶体结构

分子式	晶体学代号	晶系	点阵常数/0.1nm
TiN	B1	立方	4.24
ZrN	B	立方	4.63
VN	B1	立方	4.13
$VN_{0.71}$	B1	立方	4.07
$VN_{0.4}$	L'3	六方	4.84、4.55
AlN	B4	六方	3.10、4.37

表 7-12 与连续冷却转变曲线相应的主要成分和铬碳比

编号	化学成分(质量分数,%)					
	C	Si	Mn	Cr	Mo	铬碳比
1	2.51	0.47	0.8	14.7	2.62	5.01
2	3.32	0.58	0.72	14.63	2.05	4.41
3	2.89	0.55	0.73	19.35		6.61
4	2.08			15.85	微量	7.62
5	2.06			15.60	0.81	7.60
6	1.96			15.4	2.20	7.85
7	2.67			14.95	微量	5.59
8	2.67			15.20	1.09	5.69
9	2.60			15.20	1.95	5.85
10	4.10			15.10	微量	3.68
11	3.96			14.80	1.45	3.73
12	3.81			14.75	2.50	3.87
13	2.08			20.55	微量	9.92
14	2.04			20.55	0.61	10.07

（续）

编号	化学成分(质量分数,%)					
	C	Si	Mn	Cr	Mo	铬碳比
15	1.98			20.25	2.14	10.22
16	2.67			20.75	微量	7.77
17	2.54			20.22	1.52	8.01
18	2.45			19.82	2.94	8.08
19	2.95			25.82	0.02	8.75
20	2.87			25.50		8.88
21	2.72			25.1	2.52	9.21
22	3.70			25.32	0.02	6.83
23	3.66			24.95	0.02	6.81
24	3.52			24.65	2.67	7.00

7.4 抗磨铸件常用热处理工艺

抗磨白口铸铁件常用热处理工艺，可分整体热处理和表面热处理两种。抗磨铸铁件硬度较高几乎不做表面热处理。在表7-13列出了抗磨白口铸件常用热处理工艺。采用铸件常用的必要热处理工艺，可获得理想组织、改善或提高力学性能、提高使用性能。根据铸件服役的工矿环境及磨损特性，抗磨白口铸铁件通常采用去应力热处理、软化热处理、硬化热处理、固溶热处理等。

表7-13 抗磨白口铸铁件常用热处理工艺

工艺		热处理主要目的	热处理时需严控工艺参数	应用范围
去应力处理		消除铸造应力+结构应力	严控去应力温度;严控保温时间	铸态供货的抗磨铸铁件
软化(退火)处理		低硬度+降低应力+细化组织+成分均匀	严控加热温度+保温时间+炉冷速度,尤其是炉冷速度	需机械加工的抗磨铸铁件;铸件结构复杂+壁厚相差悬殊需高温淬火抗磨铸件尤其是大型抗磨铸件
硬化处理	等温淬火	获得贝氏体或马氏体,提高强韧性+硬度+耐磨性	严控奥氏体化温度;严控等温淬火温度;严控保温时间;严控盐浴质量,始终保持一致性+清洁	多数用于普通白口铸铁、低铬白口铸铁、中铬白口铸铁、高铬白口铸铁;因成本高加之盐浴质量难以保持一致性等原因目前几乎不采用
	淬火	获得马氏体或马氏体+奥氏体混合基体,提高强韧性+硬度+耐磨性或耐蚀性	严控加热温度;严控奥氏体化温度和保温时间;严控冷却速度(脱稳程度);严控组织组成含量+细化组织	所有抗磨白口铸铁

（续）

工艺		热处理主要目的	热处理时需严控工艺参数	应用范围
硬化处理	亚临界处理	避免高温热处理时铸件产生裂纹;减少高温处理成本;通过二次硬化提高铸件硬度	严控加热速度;严控亚临界处理温度和保温时间;严控冷却速度;严控组织组成含量	铬碳比>5 的各类高铬白口铸铁、镍硬铸态、高钒铬白口铸铁等
	固溶处理	基体组织呈现单一奥氏体,以提高耐热或耐蚀性	严控加热速度;严控固溶处理温度和保温时间;严控快速冷却方法	铬碳比>7.2 含有镍钼铜高铬白口铸铁
高铬双金属复合铸件热处理		获得最佳组织和性能的双金属复合铸件	严控双金属材料的物化特性,兼顾两者最佳热处理工艺;严控加热速度和最佳处理温度	高铬双金属(双液、镶铸)复合铸件

7.4.1　去应力热处理工艺

铸态供货的抗磨白口铸铁件，为了消除铸件结构应力和铸造应力，须进行适宜的去应力热处理工艺。在表 7-14、表 7-15、表 7-16 中分别列出了普通抗磨白口铸铁、低铬白口铸铁、中铬白口铸铁去应力处理工艺及处理后情况。

表 7-14　普通抗磨白口铸铁去应力处理

去应力处理工艺	金相组织	冷却方法
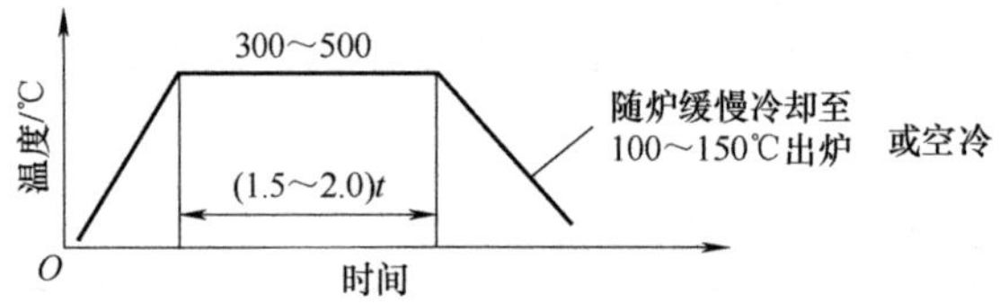 300～500 温度/℃ 随炉缓慢冷却至100～150℃出炉　或空冷 (1.5～2.0)t O 时间 去应力处理加热温度:300~500℃	共晶碳化物 M_3C+珠光体	随炉冷却至 100~150℃出炉或空冷

注：t 是按铸件每 25mm 壁厚保温 1h 计算的时间（h），即 $t=\delta/25$，δ 为铸件壁厚（mm）。以下同。

表 7-15　低铬白口铸铁去应力处理

去应力处理工艺	金相组织	铸态去应力处理后硬度	基本成分（质量分数,%）
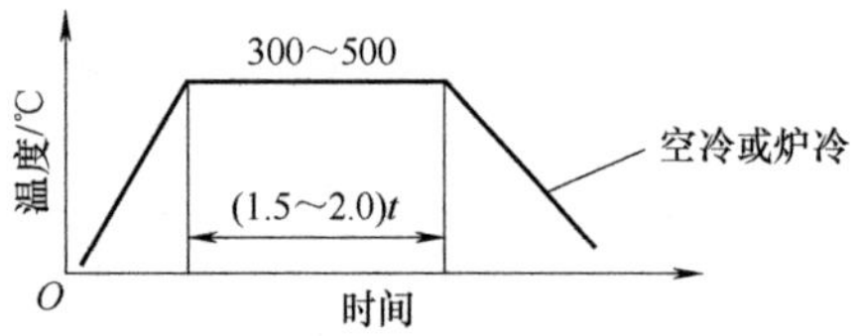 300～500 温度/℃ 空冷或炉冷 (1.5～2.0)t O 时间 根据铸件也采用在 500~550℃去应力处理	共晶碳化物 M_3C+珠光体	≥46HRC ≥450HBW	C 2.1~3.6、 Si 1.0~1.5、 Mn 1.0~1.6、 Cr 1.0~3.0

在表 7-17 中列出 Cr12、Cr15、Cr20、Cr26 高铬抗磨白口铸铁去应力处理工艺及处理后情况。

表 7-16　中铬白口铸铁去应力处理

去应力处理工艺	金相组织（铸态去应力）	铸态去应力处理后硬度	基本成分（质量分数，%）
200～300；(1.5～2.0)t；空冷或炉冷；温度/℃；时间；O	共晶碳化物(M_7C_3+少量M_3C)体+马氏体或马氏体+少量细珠光	≥46HRC ≥450HBW	C 2.1~3.2、Si 1.5~2.2、Mn≤2.0、Cr 7.0~11.0

表 7-17　高铬抗磨铸铁去应力处理工艺及处理后情况

去应力处理工艺	金相组织	铸态或铸态去应力处理后硬度	备　注
200～300；(1.5～2.0)t；炉冷或空冷；温度/℃；时间；O 铸件加热速度，根据铸件结构复杂程度一般选择小于 100℃/h	共晶碳化物(M_7C_3)+奥氏体转变产物及残留奥氏体	≥46HRC ≥450HBW	Cr12、Cr15、Cr20、Cr26 高铬铸铁均采用相同去应力处理工艺

在表 7-18 中列出了镍硬铸铁去应力热处理工艺与组织和硬度。图 7-1 所示为镍硬铸铁去应力热处理工艺。

表 7-18　镍硬铸铁去应力热处理工艺与组织和硬度

牌　号	去应力处理工艺	金相组织	铸态或铸态去应力处理后硬度
Ni-Hard1	250~300℃保温 1t，出炉空冷或炉冷	共晶碳化物 M_3C+M+B+A	≥53HRC ≥550HBW
Ni-Hard2	250~300℃保温 4~16t，出炉空冷或炉冷	共晶碳化物 M_3C+M+B+A	≥53HRC ≥550HBW
Ni-Hard4	250~300℃保温 4~16t，出炉空冷或炉冷	共晶碳化物(M_7C_3+少量M_3C)+M+B+A	≥53HRC ≥500HBW

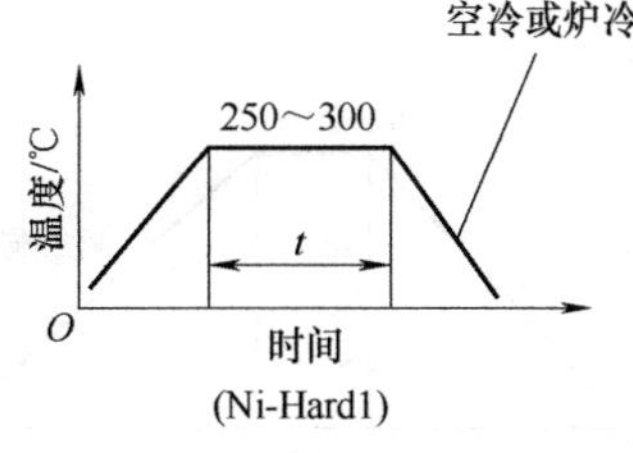

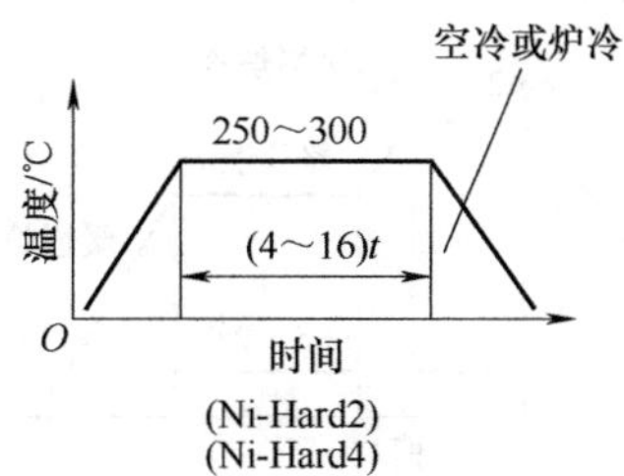

图 7-1　镍硬铸铁去应力热处理工艺

钒抗磨白口铸铁由于铸态下可获得以马氏体为主的基体组织，结构简单铸件常铸态下经去应力处理后使用。去应力处理工艺可采用与高铬白口铸铁基本类似工艺。

7.4.2　软化（退火）热处理

抗磨白口铸铁软化（退火）热处理的主要作用对象，一是需机械加工的铸件，为了便于机械加工提供低硬度的珠光体基体铸件；二是结构复杂壁厚相差较悬殊的高铬白口铸件，为高温淬火工艺的安全实施，提供成分和组织均匀、低应力、理想基体组织的铸件。经软化（退火）处理后抗磨白口铸铁件，均能获得应力较低、成分和组织均匀、硬度较低的珠光体基体组织，其硬度小于42HRC。

抗磨白口铸铁软化（退火）热处理，除了普通白口铸铁外（铸态硬度较低），根据铸件结构特点和成分，可采用如下5种软化（退火）热处理工艺，见图7-2。第一种是铸件加热至Ac_3+20~30℃保温1t→缓慢炉冷至略低于Ar_1保温（1.5~2.0）t→缓慢炉冷至550℃→空冷或炉冷，见图7-2a；第二种是铸件加热至Ac_3+20~30℃保温1t→极缓慢炉冷至550℃→空冷或炉冷，见图7-2b；第三种是铸件缓慢加热至Ac_1+20~30℃保温较长时间（2~4）t→极缓慢炉冷至550℃→空冷或炉冷，见图7-2c；第四种是铸件加热至Ac_3稍高些保温1t→炉冷至略低于Ar_1保温1t，如此重复多次→缓慢炉冷至550℃（空冷或炉冷），见图7-2d；第五种是铸件加热至Ac_{cm}+20~30℃保温1t→快速空冷至较低温度或室温，此后再采用前面所说的几种软化退火工艺，见图7-2e。

软化（退火）处理的关键工艺参数是加热温度、保温时间、炉冷速度，其中控制炉冷速度尤为关键。

当炉冷速度越慢时，过饱和奥氏体中的碳和铬等元素，在高温下晶内或晶界析出越多，形成二次碳化物概率和长大及聚集的机会也越多，高温奥氏体脱稳程度也越充分。高温奥氏体的稳定性显著降低，促使珠光体的转变在较高温度下进行，同时造成二次碳化物长大和聚集倾向较强烈，易得到粗晶粒珠光体，铸件硬度较低。

相反，当炉冷速度较快时，过饱和奥氏体中的碳和铬等元素在高温下晶内或晶界析出较少，形成二次碳化物概率和长大及聚集的机会也少，高温奥氏体脱稳程度不够充分，珠光体的转变在较低温度下进行，二次碳化物聚集作用较弱，易得到细晶粒状珠光体，铸件硬度偏高。

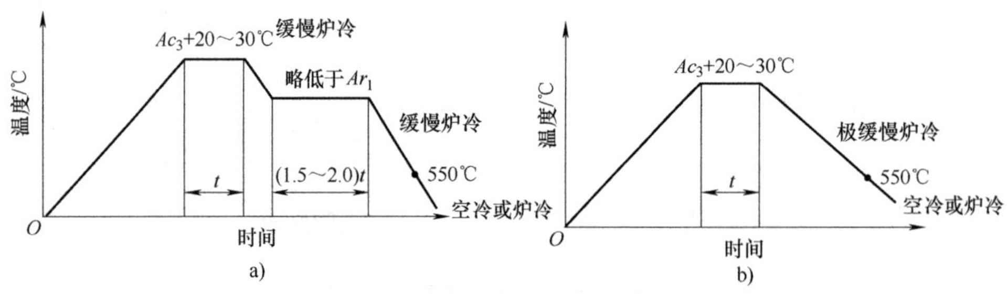

图7-2　几种软化工艺示意图

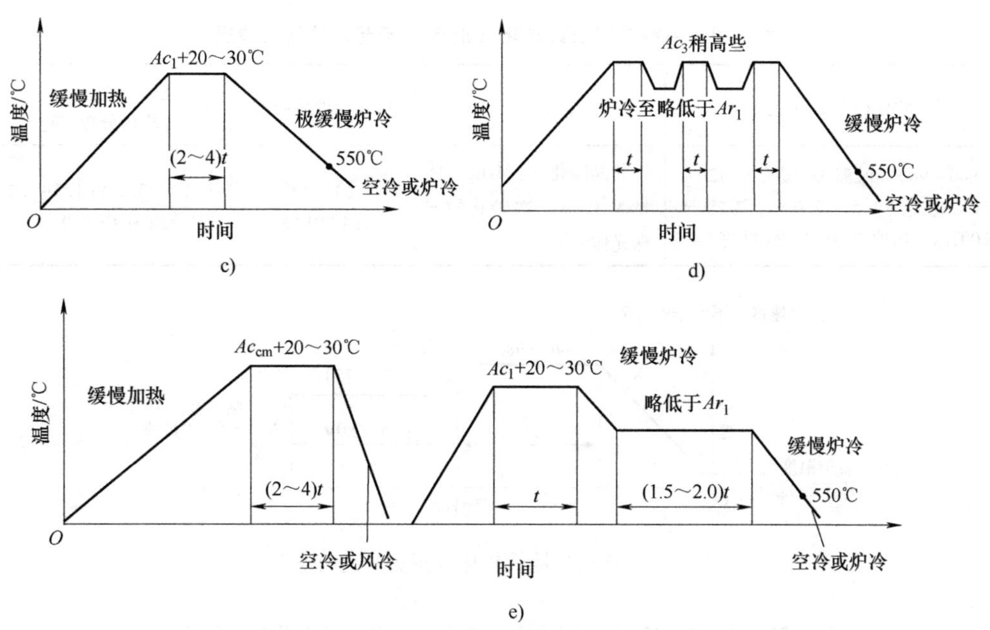

图 7-2　几种软化工艺示意图（续）

表 7-19 中列出了低铬白口铸铁软化（退火）工艺及处理后情况。图 7-3 所示为低铬白口铸铁软化退火处理。

表 7-19　低铬白口铸铁软化（退火）工艺及处理后情况

软化(退火)工艺	金相组织	软化处理后硬度	基本化学成分(质量分数,%)
940～960℃保温 1t,缓冷至 750～780℃保温(1.5～2.0)t,缓冷至 600℃以下出炉空冷或炉冷(见图 7-3)	共晶碳化物 M_3C+珠光体	≤41HRC ≤400HBW	C 2.1～3.6、Si 1.0～1.5、Mn 1.0～1.6、Cr 1.5～3.0

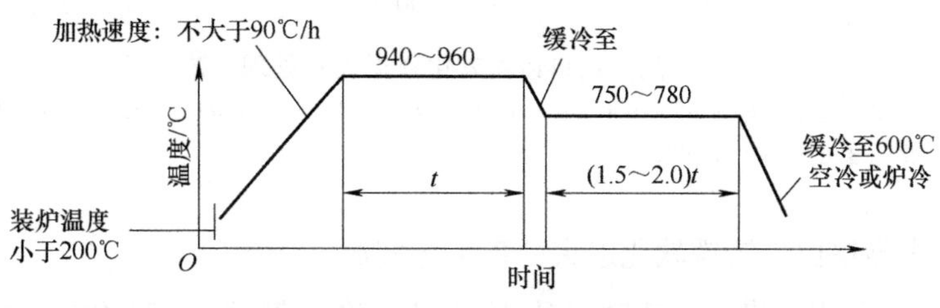

图 7-3　低铬白口铸铁软化退火处理

表 7-20 中列出了中铬白口铸铁软化（退火）工艺及处理后情况。图 7-4 所示为中铬白口铸铁软化（退火）处理工艺。

表 7-21 中列出了高铬白口铸铁和镍硬铸铁的软化（退火）工艺及处理后情况。图 7-5 所示为高铬白口铸铁软化（退火）处理工艺。

表 7-20　中铬白口铸铁软化（退火）工艺及处理后情况

软化(退火)工艺	金相组织	软化处理后硬度	基本化学成分（质量分数,%）
940～980℃保温 1t,缓冷至 720～750℃保温(1.5～2.0)t,缓冷至 600℃以下出炉空冷或炉冷(见图 7-4)	共晶碳化物(M_7C_3+少量 M_3C)+二次碳化物+珠光体	≤41HRC ≤400HBW	C 2.1～3.2、Si 1.5～2.2、Mn≤2.0、Cr 7.0～11.0

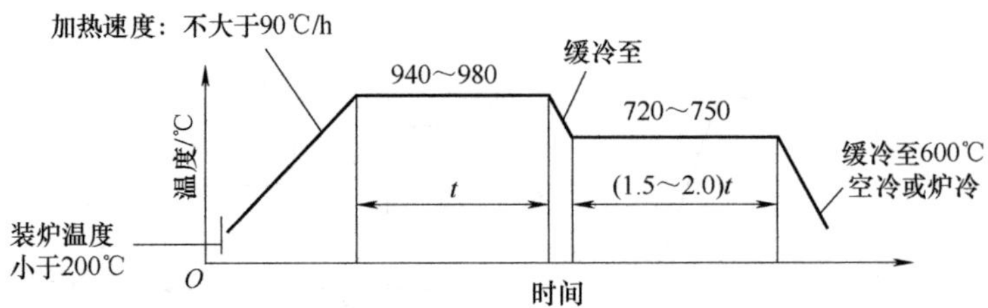

图 7-4　中铬白口铸铁软化（退火）处理工艺

表 7-21　高铬白口铸铁和镍硬铸铁软化（退火）工艺及处理后情况

高铬白口铸铁软化处理工艺	金相组织	软化处理后硬度	备注
加热到 550℃保温 1t,950～1030℃保温 1t,缓冷至 700～750℃保温(1.5～2.0)t,缓冷至 600℃以下出炉空冷或炉冷(见图 7-5)	共晶碳化物(M_7C_3)+二次碳化物+珠光体	≤42HRC ≤400HBW	软化温度根据铸件成分和结构合理选择

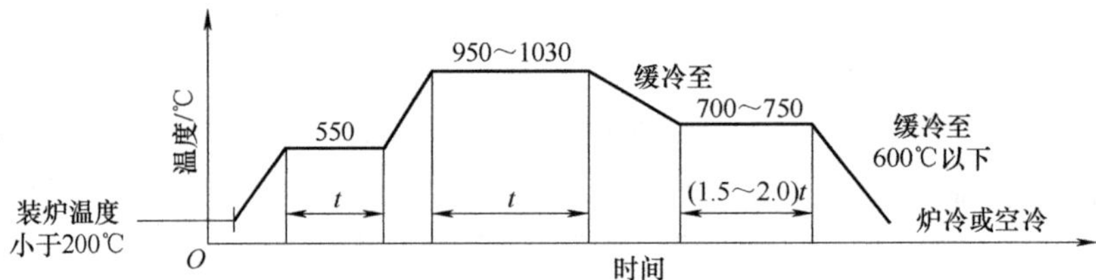

图 7-5　高铬白口铸铁软化（退火）处理工艺

注：Cr12 软化温度可选 950～960℃；Cr15 软化温度可选 970～980℃；Cr20 和 Cr26 软化温度可选 990～1030℃。

以下举两个高铬白口铸铁软化退火处理工艺实例：

1）烧结机箅条用高铬白口铸铁（Cr 的质量分数为 25.0%～28.0%，含有一定量的 Ni 和 V）经软化处理后硬度变化情况，见表 7-22。2Cr25VNi 的化学成分见表 7-23。

表 7-22　烧结机箅条用高铬白口铸铁软化处理实例

材质	软化温度/℃	铸态硬度 HRC	保温时间与硬度 HRC					硬度变化（%）
			5h	30h	80h	170h	220h	
2Cr15V	1000	37.2	24.2	24.1	23.1	22.9	22.7	-37.2
2Cr20V	1000	41.3	33.8	33.6	33.3	32.8	32.4	-19.7

（续）

材质	软化温度/℃	铸态硬度 HRC	保温时间与硬度 HRC					硬度变化（%）
			5h	30h	80h	170h	220h	
2Cr25V	1000	45.2	39.2	39.8	39.4	38.3	37.9	-13.9
2Cr25VNi	1000	43.2	48.3	48.1	47.3	44.9	43.8	+1.4

表 7-23　2Cr25VNi 的化学成分

成分	C	Si	Mn	Cr	Ni	V	RE
质量分数(%)	1.6~1.8	0.8~1.0	0.5~0.8	25~28	0.8~1.2	<0.15	0.02~0.03

从表 7-22 中不难看出除 2Cr25VNi 高铬白口铸铁外，其余高铬白口铸铁随着软化保温时间的增加，其硬度逐步下降，而 2Cr25VNi 高铬白口铸铁则有所增加，显示出具有良好抗回火软化特性，因此高温下服役的烧结机箅条选择 2Cr25VNi 高铬白口铸铁是正确的。

2）Cr 的质量分数为 26.0%~30.0%的高铬铸铁软化（退火）热处理工艺实例见表 7-24 和图 7-6、图 7-7。

表 7-24　Cr 的质量分数为 26.0%~30.0%的高铬铸铁软化（退火）热处理工艺实例

铸铁化学成分(质量分数,%)	加热速度	软化退火温度/℃	保温时间	冷却速度
C 0.5~1.0、Si 0.5~1.3、Mn 0.5~0.8、Cr 26~30、P≤0.1 或 C 1.5~2.2、Si 1.3~1.7、Mn 0.5~0.8、Cr 32~36、P≤0.1、S≤0.1	500℃以下 20~30℃/h 500℃以上 50℃/h	820~850	每 25mm 壁厚保温 1h 计算	随炉极缓慢冷却(<25~40℃/h)至 100~150℃出炉空冷

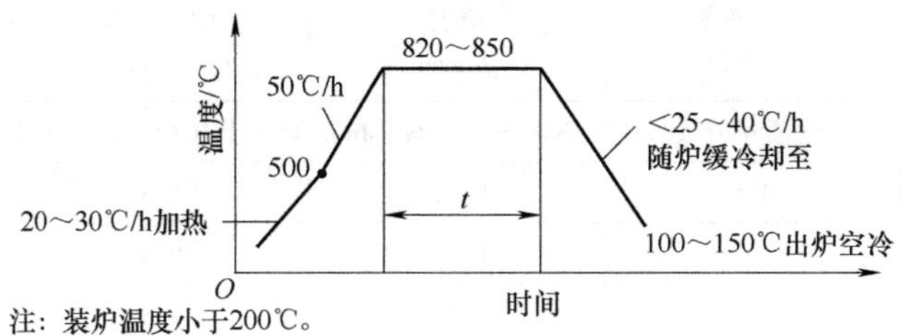

图 7-6　Cr 的质量分数为 26.0%~30.0%的高铬铸铁软化（退火）热处理工艺实例

注：1. 软化处理后金相组织：共晶碳化物+二次碳化物+珠光体；2. 软化处理后硬度≤42HRC

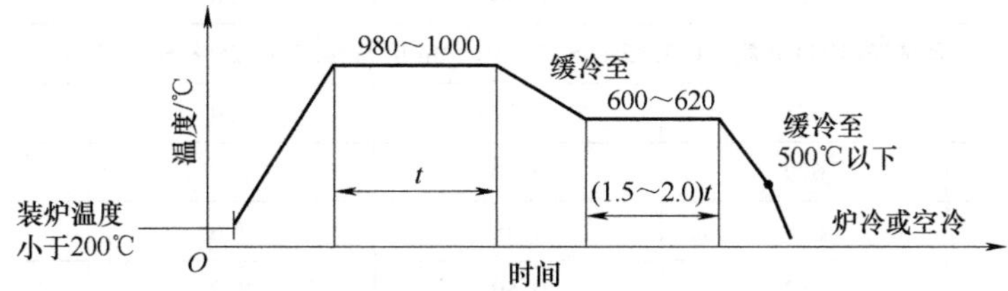

图 7-7　镍硬 1 号铸铁软化（退火）处理工艺

（软化处理后基体组织：珠光体，软化处理后硬度≤42HRC）

7.4.3　硬化热处理工艺

普通抗磨白口铸铁、低铬和中铬抗磨白口铸铁采用适宜的淬火工艺或盐浴等温淬火工艺，可以获得高硬度与强韧性相匹配的马氏体或贝氏体为主的基体组织。

高铬抗磨白口铸铁、镍硬抗磨白口铸铁、钒抗磨白口铸铁等通常采用适宜的淬火工艺或盐浴等温淬火工艺或亚临界处理工艺，以便获得高硬度与强韧性的马氏体或贝氏体为主基体组织。

7.4.4　等温淬火热处理

为了获得贝氏体或马氏体为主的基体组织，改善共晶碳化物（主要指 Fe_3C 或 M_3C 碳化物）形状及分布，提高其强韧性和耐磨性及抗疲劳性能，有时需要对抗磨白口铸铁进行等温淬火热处理。

一般奥氏化温度选择在 Ac_3+20~30℃保温 1t，保温时间 t 按每 25mm 壁厚 1h 计算。等温淬火温度一般选择在贝氏体区域（Bs~Bf 区域选某温度）或马氏体区域（Ms~Mf 区域选某温度），淬火介质选用常用的盐浴，等温淬火保温时间根据铸件成分和结构特点一般选择在（1.5~2.0）t。

不同等温淬火温度对普通白口铸铁力学性能的影响见表 7-25。普通白口铸铁等温淬火实例见表 7-26 和图 7-8。

表 7-25　不同等温淬火温度对普通白口铸铁力学性能的影响

等温温度/℃	力学性能			
	抗拉强度 R_m/MPa	挠度 f/mm	冲击韧度 a_K/(J/cm^2)	硬度 HRC
1 号试样(质量分数):C 3.63%,Si 0.36%,Mn 0.81%,P 0.61%,S 0.102%				
铸态	475	0.32	5.3	51.0
230	667	0.32	9.8	61.5
260	732	0.39	7.8	60.4
290	869	0.89	9.1	61.6
320	599	0.69	8.9	58.2
350	797	0.84	8.6	58.0
2 号试样(质量分数):C 3.35%,Si 1.13%,Mn 0.71%,P 0.228%,S 0.143%				
铸态	475	0.29	3.9	50.2
260	629	0.30	6.7	63.4
290	603	0.48	7.6	61.0
320	659	0.69	8.9	58.2
350	689	0.62	7.5	58.4
380	636	0.38	5.4	55.0

（续）

等温温度/℃	力学性能			
	抗拉强度 R_m/MPa	挠度 f/mm	冲击韧度 a_K/(J/cm^2)	硬度 HRC
3 号试样(质量分数):C 2.21%,Si 0.28%,Mn 0.69%,P 0.04%,S 0.03%				
铸态	668	0.48	4.3	49.3
260	1246	0.98	25.5	57.7
290	1350	1.21	24.9	56.5
320	1110	1.06	16.7	56.7
350	1245	1.00	14.3	55.8

表 7-26　普通白口铸铁等温淬火实例

序号	化学成分(质量分数,%)					热处理规范	应用例子
	C	Si	Mn	S	P		
1	2.1~2.3	≤1.0	0.4~0.6	<0.1	<0.1	加热至 900~950℃保温 1t,出炉在 280~300℃盐浴等温淬火	饲料粉碎机锤片
2	2.4~2.6	≤1.0	0.6~0.8	<0.1	<0.1		各种机引犁铧
3	2.6~2.8	≤1.0	0.6~1.0	<0.1	<0.1		抛丸机叶片、分丸轮

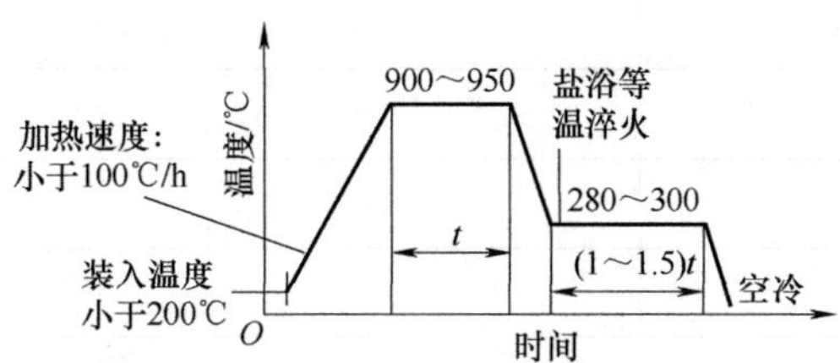

图 7-8　普通白口铸铁等温淬火实例

高硅碳比中铬白口铸铁等温淬火及组织、硬度变化情况见表 7-27。图 7-9 所示为中铬白口铸铁等温淬火工艺。

表 7-27　高硅碳比中铬白口铸铁等温淬火及组织、硬度变化情况

等温淬火	金相组织	盐浴炉等淬,出炉空冷	基本化学成分(质量分数,%)
940~980℃保温 1t,出炉进入 260~320℃盐浴炉等淬,出炉空冷(见图 7-9)	共晶碳化物(M_7C_3+少量 M_3C)+二次碳化物+马氏体+残留奥氏体	≥56HRC ≥600HBW	C 2.1~3.2、Si 1.5~2.2、Mn 1.3~1.5、Cr 7.0~11.0

几种常用盐浴成分及使用温度范围见表 7-28。常用等温硝盐成分及使用温度范围见表 7-29。常用等温碱浴成分及使用温度范围见表 7-30。

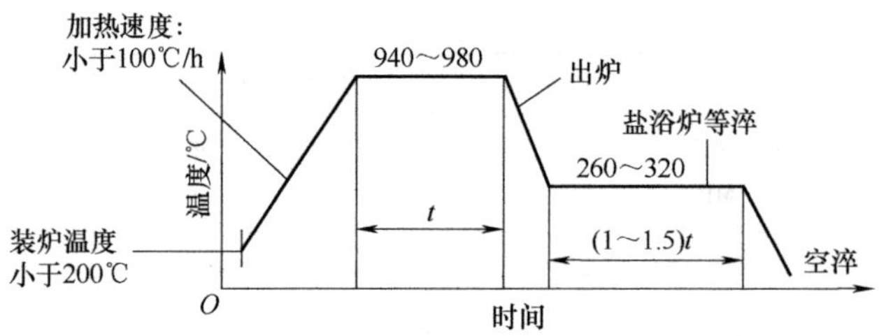

图 7-9　中铬白口铸铁等温淬火工艺

表 7-28　几种常用盐浴成分及使用温度范围

序　号	盐浴成分(质量分数,%)			熔点/℃	使用温度范围/℃
	KNO_3	$NaNO_3$	$NaNO_2$		
1	55		45	137	150~500
2		55	45	221	230~550
3	45	55		218	230~550
4	55	45		218	230~550

表 7-29　常用等温硝盐成分及使用温度范围

硝盐成分(质量分数,%)	熔点/℃	使用温度范围/℃
$55KNO_3+45NaNO_2$	137	150~500
$55NaNO_3+45NaNO_2$	221	230~550
$55NaNO_3+45KNO_3$	218	230~550
$55KNO_3+45NaNO_2$	218	230~550
$75NaNO_2+25KNO_3$		240~300
$25NaNO_2+25NaNO_2+50KNO_3$	175	205~600
$(70\sim80)NaNO_3+(20\sim30)KNO_3$		300~550
$46NaNO_3+27.5NaNO_2+27.5KNO_3$	120	140~260

表 7-30　常用等温碱浴成分及使用温度范围

序号	组成成分(质量分数,%)	熔点/℃	使用温度范围/℃
1	65KOH+35NaOH	155	170~300
2	80KOH+20NaOH 另加 $10H_2O$		

其他抗磨白口铸铁件，如低铬、高铬抗磨白口铸铁等也可实施盐浴等温淬火工艺，但等温淬火工艺因生产成本较高，加之没有专用等温淬火设备，采用简易等温淬火工艺时，铸件表面氧化皮等杂物不断脱落进入盐浴池，盐被污染，难以保持盐浴的原有特性和质量，就很难保证等温淬火质量的稳定性。因而，除了拥有理想专用等温淬火设备的

企业，在我国抗磨白口铸件一般不采用等温淬火工艺。

7.4.5　淬火与回火热处理

为了进一步提高抗磨白口铸铁的宏观硬度和显微硬度，各类抗磨白口铸铁，如高铬抗磨白口铸铁，亦可进行高温淬火及低温回火或亚临界硬化热处理（主要指铬碳比>5.5 高铬白口铸铁）。根据铸件成分和结构特点，选择最佳淬火温度、加热速度、保温时间、冷却速度等关键工艺参数。

抗磨白口铸铁组织中，由于含有较多热导率较低的共晶碳化物（25%~35%），加热速度不宜过快，以防铸件各区域内温差较大而引起热应力导致产生裂纹，尤其是结构复杂、壁厚差异悬殊的铸件，更加需要严格控制加热速度，一般控制在<100℃/h 为宜。生产实践和热膨胀试验结果证实，高铬白口铸铁件加热到 550℃左右时，有突然体积膨胀倾向，为了缓解这种体积膨胀倾向，在这个温度范围内按工艺要求保温十分必要。

正如在前述的高铬白口铸铁最佳奥氏体化温度，由铬碳比或所有形成碳化物中金属元素之和与碳元素的质量比。

保温时间，在炉内装炉的铸件上下左右间隙不小于 35mm 的前提下，铸件按每 25mm 壁厚保温 1h 计算为宜。

铸件出炉后冷却速度根据铸件成分、铸件结构和壁厚、季节实际温度等，可选择空冷、风冷、水喷雾、油淬或精细化工介质冷却。

对于马氏体高铬白口铸铁而言，控制适宜淬火冷速与脱稳过程和脱稳程度，是获得理想马氏体基体组织的关键。

为了及时消除淬火应力的不利影响，经淬火后的高铬白口铸铁件，根据铸件淬火硬度，应及时进行适宜的低温回火处理或亚临界处理，以得到低应力、高硬度、马氏体为主残留奥氏体含量较少的基体组织。

淬火热处理过程中，控制好适宜的脱稳过程和脱稳程度，是抗磨白口铸铁获得理想组织和硬度的关键，尤其是高铬白口铸铁。高铬白口铸铁淬火时，在高温阶段冷速要加快（风冷或喷雾），以限制脱稳过程和脱稳程度，以严防过多碳和铬过早从高温过饱和的奥氏体中析出，降低高温奥氏体的稳定性，促使产生高温转变组织。而低温阶段从 550℃左右开始冷速要慢些（空冷），以获得适宜脱稳过程和脱稳程度，使适宜的碳和铬从过冷奥氏体中析出，提高 Ms 点温度，促使过冷奥氏体向马氏体转变，同时确保尽可能提高马氏体中铬、碳等元素含量，促使马氏体被铬、碳等元素饱和，从而有效提高马氏体的显微硬度和电极电位，提高马氏体组织的耐磨性和耐蚀性，有效减少在磨损过程中过早出现基体组织呈现凹坑和共晶碳呈现凸状的概率，为提高基体组织既保护共晶碳化物，又保护自己的能力创造良好条件。

7.4.6　低铬白口铸铁淬火与回火工艺

低铬白口铸铁淬火与回火工艺及组织、硬度变化情况见表 7-31。图 7-10 所示为低铬白口铸铁淬火与回火工艺。

表 7-31　低铬白口铸铁淬火与回火工艺及组织、硬度变化情况

淬火与回火处理工艺	金相组织	淬火态或淬火与回火处理后硬度	基本化学成分（质量分数，%）
960～1000℃保温 1t，出炉空冷，回火：200～300℃保温（1.5～2.0）t 出炉空冷或炉冷（见图 7-10）	共晶碳化物+二次碳化物+马氏体+残留奥氏体	≥56HRC ≥600HBW	C 2.1～3.6、Si 1.0～1.5、Mn 1.0～1.6、Cr 1.5～3.0

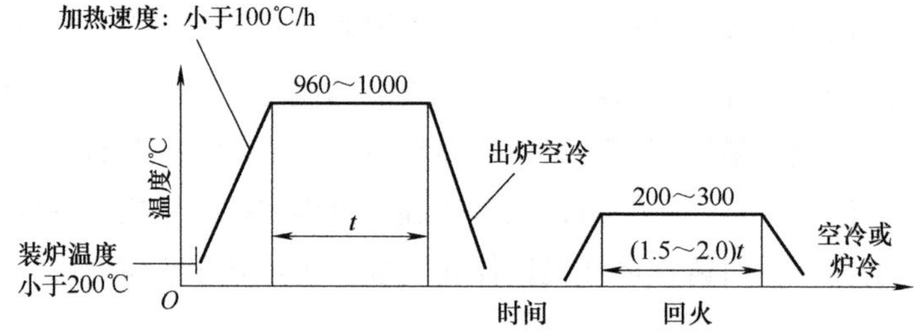

图 7-10　低铬白口铸铁淬火与回火工艺

注：内应力较高的低铬白口铸铁件，进一步提高回火温度是十分必要。

含有铜和钼的低铬白口铸铁经淬火回火处理的组织和力学性能见表 7-32。图 7-11 所示为含有铜和钼的低铬白口铸铁淬火回火处理。

表 7-32　含有铜和钼的低铬白口铸铁经淬火回火处理的组织和力学性能

淬火与回火处理工艺	金相组织	硬度 HRC	冲击韧度 a_K/(J/cm^2)	抗弯强度 σ_{bb}/MPa	挠度 f/mm	基本化学成分（质量分数，%）
980℃保温 1h，出炉空冷，回火：200～300℃保温（1.5～2.0）t，出炉空冷或炉冷（见图 7-11）	$(Fe,Cr)_3C$+二次碳化物+马氏体+残留奥氏体+珠光体	55～62	5.0～8.0	600～660	2.1～2.3	C 2.4～3.2、Mn 1.0～2.5、Si≤1.0、Cr 2.0～3.0、Mo≤3.0、Cu≤3.0

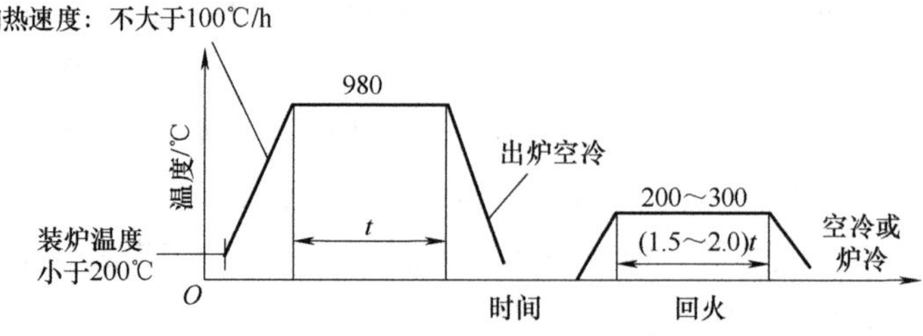

图 7-11　含有铜和钼的低铬白口铸铁淬火回火处理

表 7-33、表 7-34 和图 7-12 给出了三种低铬白口铸铁淬火实例。

表 7-33　三种低铬白口铸铁的化学成分

例号	化学成分(质量分数,%)										
	C	Si	Mn	S	P	Cr	V	Ti	Cu	Mo	RE
例 1	2.5～3.0	1.5～2.0	2.5～3.5	<0.025	<0.09	2.5～3.5	0.3	0.1	0.2	0.1	1.0～1.5
例 2	2.4～2.7	<1.0	0.4～0.6	<0.040	<0.04	3.5～4.2					1.0
例 3	2.4～2.6	0.8～1.2	0.5～0.8	<0.050	<0.10		0.5～0.7		0.8～1.0	0.5～0.7	0.8

表 7-34　三种低铬白口铸铁的不同淬火回火工艺及力学性能

例号	淬火工艺			回火工艺		回火后力学性能				铸态硬度 HRC
	温度/℃	时间/min	冷却	温度/℃	时间/min	抗拉强度 R_m/MPa	抗弯强度 σ_{bb}/MPa	冲击韧度 a_K/(J/cm^2)	硬度 HRC	
例 1	850～860	30	变压器油冷却 40～50s	180～200	90	441	608～736		61～63	43.5～55
例 2	850～880	20	在 180～240℃硝盐中冷却,冷却 40～60s	180～200	120			4.4～6.7	63～64	47～50
例 3	800	60	油冷	180	120				62～64	

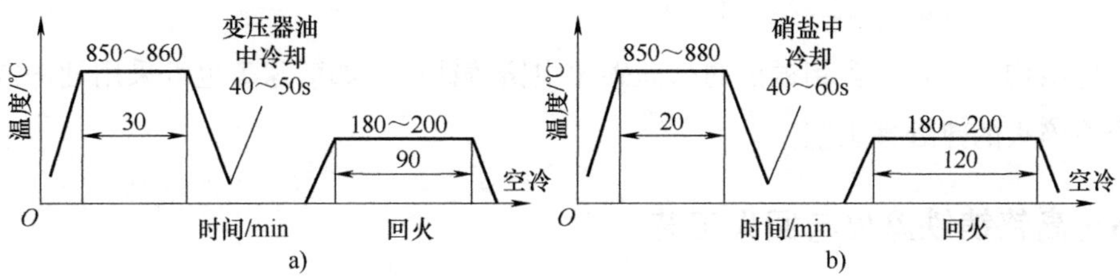

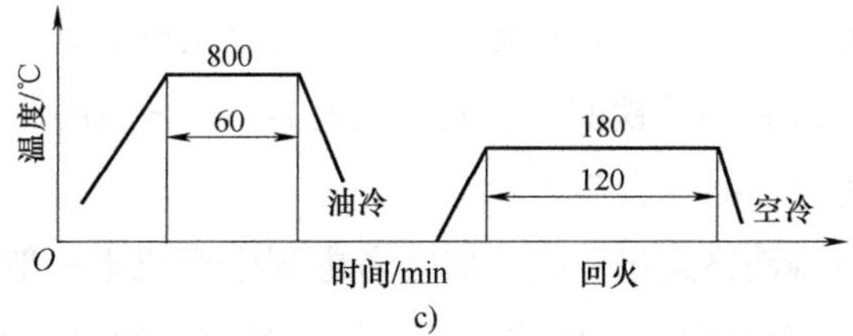

图 7-12　三种低铬白口铸铁淬火实例

a）例 1　b）例 2　c）例 3

7.4.7　中铬白口铸铁淬火与回火工艺

中铬白口铸铁的化学成分见表 7-35。中铬白口铸铁的力学性能见表 7-36。中铬白口铸铁的热处理工艺如图 7-13 所示。

表 7-35　中铬白口铸铁的化学成分

化学成分(质量分数,%)										
C	Si	Mn	Cr	Ni	Mo	Cu	V	Al	P	S
2.6~3.2	<0.8	1.5~2.0	8.0~10.0		0.3~0.5	2.0~3.0		0.02~0.03	≤0.1	≤0.1

表 7-36　中铬白口铸铁的力学性能

硬度 HRC	抗弯强度/MPa	挠度/mm	冲击韧度/(J/cm²)
55~62	784~931	2.20~2.80	7.0~8.0

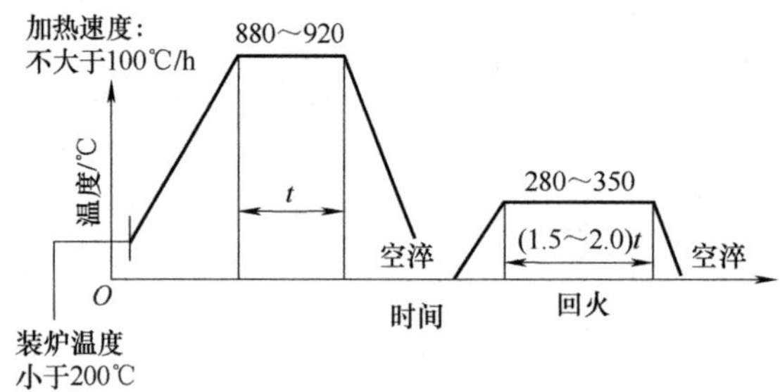

图 7-13　中铬白口铸铁的热处理工艺

880~920℃空冷，280~350℃回火。

铸件结构简单且不含钼铜镍的高硅碳比中铬铸铁件，如磨球类也可采用油淬或精细化工介质淬火的热处理工艺。

7.4.8　高铬铸铁淬火与回火工艺

1. Cr12 高铬铸铁淬火与回火工艺

Cr12 高铬白口铸铁淬火与回火工艺及组织、硬度变化情况见表 7-37。试验用低碳 Cr12 白口铸铁和高碳 Cr12 白口铸铁的化学成分见表 7-38。试验用低碳 Cr12 白口铸铁和高碳 Cr12 白口铸铁的力学性能见表 7-39。

鉴于 Cr12 高铬白口铸铁铬碳化不高，加之考虑到生产成本一般不添加钼、铜、镍等合金元素，其淬透性十分有限，为使这类结构简单且壁厚较厚的 Cr12 高铬铸铁件达到硬化的目的，可采用冷却速度较快的淬火油或精细化工液体介质淬火。

在表 7-40 中列出了不含钼、铜、镍等合金元素的 Cr12 高铬铸铁磨球，在精细化工液体介质中淬火处理的有关工艺和硬度变化情况。淬火与回火处理工艺：920~1000℃保温 1t 液体介质中（油淬或精细化工液体介质）淬火，冷却至 550℃左右后空冷，回火：200~300℃保温（1.5~2.0)t，出炉空冷。

表 7-37　Cr12 高铬铸铁淬火与回火工艺及组织、硬度变化情况

淬火与回火处理工艺	金相组织	淬火态或淬火与回火处理后硬度	基本化学成分(质量分数,%)
加热速度：不大于100℃/h　960～1000　空淬或风冷或喷雾　温度/℃　550　t　(1.5～2.0)t　200～300　或亚临界处理　装炉温度小于200℃　O　t　550　空冷　空冷　时间　回火 淬火冷却方法：根据成分和铸件结构可选空冷或风冷或喷雾；结构简单铸件油淬或精细化工介质淬火；冷却至 550℃左右后空冷	共晶碳化物(M_7C_3)+二次碳化物+马氏体+残留奥氏体	≥56HRC ≥600HBW	C 2.0~3.3、Si<1.5、Mn≤2.0、Cr 11~14.0

表 7-38　试验用低碳 Cr12 白口铸铁和高碳 Cr12 白口铸铁的化学成分

名　称	化学成分(质量分数,%)								
	C	Si	Mn	Cr	Mo	Ni	Cu	S	P
低碳 Cr12	1.2~1.5	≤1.0	≤1.0	11.0~14.0	≤2.0	≤1.0		≤0.06	≤0.1
高碳 Cr12	2.0~3.3	≤2.0	≤2.0	11.0~14.0	≤3.0	≤2.5	≤1.2	≤0.06	≤0.1

表 7-39　试验用低碳 Cr12 白口铸铁和高碳 Cr12 白口铸铁的力学性能

铸铁名称	状　态	金相组织	硬度 HRC	冲击韧度(J/cm^2)
低碳 Cr12	空淬,回火	马氏体+M_7C_3+二次碳化物+残留奥氏体	≥50	≥4.5
高碳 Cr12	空淬,回火	马氏体+M_7C_3+二次碳化物+残留奥氏体	≥56	≥3.0

表 7-40　Cr12 高铬铸铁磨球在精细化工液体介质中淬火处理工艺和硬度

金相组织	共晶碳化物(M_7C_3)+二次碳化物+马氏体+残留奥氏体				
淬火态或淬火与回火处理后硬度　HRC	ϕ30mm	ϕ50mm	ϕ60mm	ϕ70mm	ϕ80mm
	62~64	62~64	61~63	61~63	60~63
基本化学成分(质量分数,%)	C 2.4~3.3、Si 1.1~1.4、Mn 0.8~1.3、Cr 11.0~14.0、Mo 0~0.2、Ni 0、Cu 0、S≤0.06、P≤0.1				

在表 7-41 和表 7-42 中列出了中铬和 Cr12 高铬白口铸铁件等抗磨铸件油淬硬化热处理时常用的几种淬火油的特性和冷却能力。

生产实践表明壁厚相差较大且结构较复杂的中大型 Cr12 高铬白口铸铁件，不宜采用油淬或精细化工液体介质淬火，以防淬火时产生裂纹。这类 Cr12 高铬白口铸铁件，应添加适宜含量的钼、镍、铜等提高淬透性和稳定奥氏体的辅助合金元素，以便在空淬或风淬或喷雾冷却时达到硬化的目的。

表 7-41　几种淬火油的特性

性　　能	全损耗系统用油				
	L-AN5	L-AN10	L-AN32	L-AN68	气缸油 HG-24
闪点/℃	≤80	≤130	≤150	≤160	240
倾点/℃	≤-5	≤-5	≤-5	≤-5	-15
灰分(%)	无	无	0. 007	0. 007	0. 02
使用温度/℃	20~80	20~80	20~80	80~120	

表 7-42　几种淬火油的冷却能力

冷却能力	普通 2 号淬火油	全损耗系统用油	
		L-AN10	L-AN32
特性温度/℃	633	460	490
特性时间/s	2. 25	4. 8	4. 75
800~400℃冷却时间/s	3. 15	5. 05	5. 25
800~300℃冷却时间/s	4. 55	7. 2	8. 85

国外某公司所研究的钼、铜及镍等辅助合金元素对经 950℃×1h 奥氏体化和经脱稳处理的 Cr12 高铬铸铁奥氏体等温转变动力学的影响如图 7-14 所示。

从图 7-14 中不难看出，不添加钼试样的珠光体转变 10%的孕育期只有 20s，而添加质量分数为 2. 1%钼后孕育期增加到 200s，添加化学成分（质量分数）为镍 0. 6%、铜 1. 0%和钼 2. 1%时，化学成分（质量分数）为碳 2. 6%、铬 13. 5%的高铬铸铁的珠光体转变 10%的孕育期增加到 2000s。

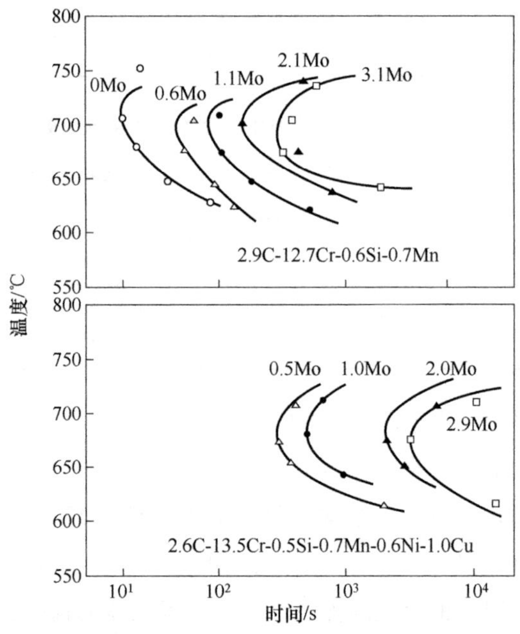

图 7-14　镍钼铜对 Cr12 高铬铸铁奥氏体等温转变动力学的影响

2. Cr15 高铬铸铁淬火与回火工艺

Cr15 高铬铸铁淬火与回火工艺及组织、硬度变化情况见表 7-43。图 7-15 所示为 Cr15 高铬铸铁淬火与回火工艺。

表 7-43　Cr15 高铬铸铁淬火与回火工艺及组织、硬度变化情况

淬火与回火处理工艺	金相组织	淬火态或淬火与回火处理后硬度	基本化学成分（质量分数,%）
550℃保温 1t,960～1000℃保温 1t,空淬或风冷或喷雾,冷却至550℃左右后空冷,回火:200～300℃保温(1.5～2.0)t,出炉空冷或亚临界处理(见图 7-15)	共晶碳化物(M_7C_3)+二次碳化物+马氏体+残留奥氏体	≥58HRC ≥650HBW	C 2.0～3.3、Si 小于 1.2、Mn≤2.0、Cr 14～18.0、Mo≤3.0、Ni≤2.5、Cu≤1.2

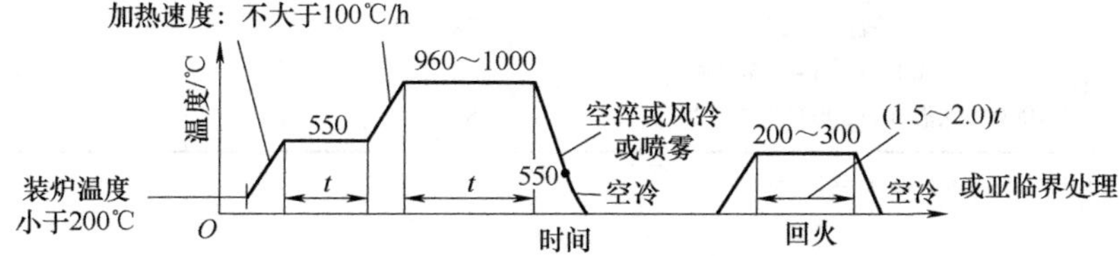

图 7-15　Cr15 高铬铸铁淬火与回火工艺

经淬火处理的 Cr15 白口铸铁件，存在较大的内应力，应该尽快进行适宜的回火处理。回火处理的温度从消除内应力角度而言不应过低。最佳回火温度由铸件淬火态硬度和铸件结构而定，铸件淬火硬度偏低（<56HRC）且铸件结构较复杂时，回火处理的温度不应低于 400℃，必要时在较高的温度下进行亚临界处理，消除应力的同时通过二次硬化提高硬度（残留奥氏体转变呈马氏体）。反之则在低温进行较长时间回火，保温时间为奥氏体化保温时间的 1.5～2.0 倍。

适宜的回火处理，可以使淬火马氏体变为回火马氏体的同时还可以使部分的残留奥氏体转变成马氏体，提高铸件硬度（二次硬化），从而减少基体组织中的残留奥氏体量，有利于提高耐磨性。

6PH、250NP 杂质泵叶轮用 Cr15 型高铬铸铁化学成分见表 7-44，6PH、250NP 杂质泵叶轮用 Cr15 型高铬铸铁淬回火工艺实例见表 7-45。

表 7-44　6PH、250NP 杂质泵叶轮用 Cr15 型高铬铸铁化学成分

名　　称	化学成分(质量分数,%)						
	C	Ni	Si	Cr	Mn	Mo	Cu
6PH 叶轮	3.1	0.4	0.4	15.3	0.6	0.9	0.8
250NP 叶轮	2.6	0.8	0.5	18.4	0.5	1.6	1.2

杂质泵叶轮壁厚相差悬殊且结构较复杂，热处理升温过程中极易开裂，必须谨慎从

事。加热升温时，加热速度不得过快（小于 80℃/h），并在 550℃左右保温一段时间，采用阶梯式升温，使铸件内外温度均匀化更为安全些。当温度 920℃以上，升温速度可以有所加快，但最好控制在小于 100℃/h。经高温软化（退火）处理过的铸件内应力小，升温速度可以适当加快。

表 7-45　6PH、250NP 杂质泵叶轮用 Cr15 型高铬铸铁淬回火工艺实例

名　称	状　态	马氏体	残留奥氏体	碳化物	硬度 HBW
		体积分数(%)			
6PH 叶轮	铸态		20	29.1	420
	650℃保温 12h,P:97		3		490
	1000℃保温 4h,M:94	94	6		780
	1000℃保温 4h+540℃保温 12h,M:88	88	3		620
250NP 叶轮	铸态 P:22	78			410
	1000℃保温 4h,M:98	98	2	25.6	740
	1000℃保温 4h+500℃保温 12h,M:87	87	2		620

注：表中的 P 为珠光体，M 为马氏体。

3. Cr20 高铬铸铁淬火与回火工艺

为避免 Cr20 高铬白口铸铁淬火后，在基体组织中出现珠光体组织，制订 Cr20 高铬白口铸铁淬火工艺时，可参照下述两公式。

1）从 Cr20 高铬白口铸铁的等温转变曲线所得的回归方程：

$$\lg t=2.61-0.51w(\mathrm{C})+0.05w(\mathrm{Cr})+0.37w(\mathrm{Mo})$$

式中，t 是珠光体开始转变时间（s），即珠光体等温转变图最左端在时间轴上的位置。

此公式适应范围为：$w(\mathrm{C})=1.95\%\sim4.31\%$，$w(\mathrm{Cr})=18\%\sim25.8\%$，$w(\mathrm{Mo})=0.02\%\sim3.8\%$的高铬白口铸铁。

2）从 Cr20 高铬白口铸铁的连续冷却转变曲线中，可以预测到不出现珠光体的临界圆棒直径。用下式可以估计空淬时不出现珠光体的最大直径 D（mm）。

$$\lg D=0.32+0.158\frac{w(\mathrm{Cr})}{w(\mathrm{C})}+0.385w(\mathrm{Mo})$$

Cr20 高铬白口铸铁淬火与回火工艺及组织、硬度变化情况见表 7-46。图 7-16 所示为 Cr20 白口铸铁淬火与回火工艺。

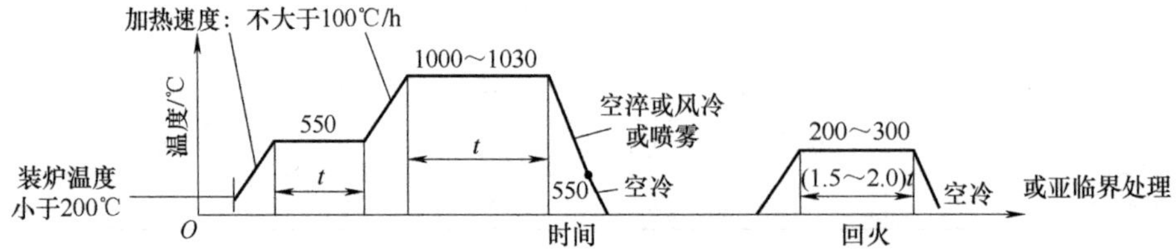

图 7-16　Cr20 白口铸铁淬火与回火工艺

表 7-46　Cr20 高铬白口铸铁淬火与回火工艺及组织、硬度变化情况

淬火与回火处理工艺	金相组织	淬火态或淬火与回火处理后硬度	基本化学成分（质量分数,%）
550℃保温 1h,1000～1030℃保温 1h,空淬或风冷或喷雾,冷却至 550℃左右后空冷,200～300℃保温 1h 回火,出炉空冷或亚临界处理(见图 7-16)	共晶碳化物(M_7C_3)+二次碳化物+马氏体+残留奥氏体	≥58HRC ≥650HBW	C 2.20～3.3、Si<1.2、Mn≤2.0、Cr 18.0～23.0、Mo≤3.0、Ni≤2.5、Cu≤1.2

Cr20 白口高铬铸铁经淬火回火后的力学性能见表 7-47。Cr20 白口铸铁淬火温度、回火温度对力学性能的影响见表 7-48。

表 7-47　Cr20 白口高铬铸铁经淬火回火后的力学性能

状　　态	抗弯强度/MPa	挠度 f/mm	断裂韧度 K_{IC}/MPa · $m^{1/2}$	冲击韧度/(J/cm^2)	硬度 HRC
铸态	500～700		24～26	6.5～8.5	46～52
淬火回火态	700～950	2.0～2.8	25～30	7.0～9.0	61～64

注：1. 化学成分（质量分数）：Cr=18%～22%，C=2.3%～2.9%，Mo=1.4%～2.0%，Cu=0.5%～0.8%，Ni=0.5%～0.8%。
2. 冲击试样 20mm×20mm×120mm，无缺口。

表 7-48　Cr20 白口铸铁淬火温度、回火温度对力学性能的影响

热处理温度/℃		硬度 HRC	冲击韧度/(J/cm^2)	碳化物体积分数(%)
淬　　火	回　　火			
975	未回火	62.7	9.0	
1000		64.0	8.6	
1025		63.8	11.6	
1050		62.0	9.3	
975	200	59.8	6.2	28.796
	250	60.1	9.4	
	300	59.0	7.5	
1000	200	57.6	7.4	31.234
	250	60.5	8.6	30.589
	300	60.3	7.2	

（续）

热处理温度/℃		硬度 HRC	冲击韧度/(J/cm^2)	碳化物体积分数(%)
淬　火	回　火			
1025	200	56.0	10.6	28.951
	250	60.0	10.1	
	300	59.7	8.6	27.504
1050	200	58.0	7.8	
	250	58.7	8.0	
	300	9.8	8.3	
	铸态	47.0	10.3	17.128

注：冲击试样尺寸为 20mm×20mm×120mm，无缺口。

Cr20 白口铸铁大板锤化学成分见表 7-49，Cr20 白口铸铁大板锤淬火回火实例见表 7-50 和图 7-17。

表 7-49　Cr20 白口铸铁大板锤化学成分

化学成分(质量分数,%)						
C	Ni	Si	Cr	Mn	Mo	Cu
3.1	0.4	1.1	20.2	0.9	1.0	1.6

表 7-50　Cr20 白口铸铁大板锤淬火回火实例

状　态		马氏体	残留奥氏体	碳化物	硬度 HV
		体积分数(%)			
铸　态		42	58	28	480
淬火+回火	1000℃保温 1t+250℃保温 1t				770
	1000℃保温 1t+550℃保温 1t				700

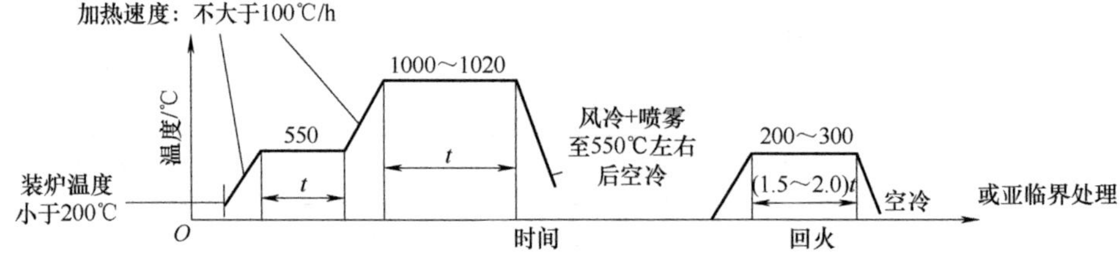

图 7-17　Cr20 白口铸铁大板锤淬火回火实例

Cr20 白口高铬铸铁件在热处理升温过程中，同样存在易开裂的倾向，必须谨慎从事。

经淬火的 Cr20 高铬白口铸铁件存在较大的内应力（热应力+结构应力），根据淬火硬度应该尽快地进行适宜回火或亚临界处理。

4. Cr26 高铬铸铁淬火与回火工艺

Cr26 高铬白口铸铁铸件，铸态或去应力后有时也可以使用。然而为更好地发挥其应有的潜力，大多数的 Cr26 高铬白口铸铁件都经高温淬火硬化、回火或亚临界处理后使用。

Cr26 高铬白口铸铁件的淬火冷却，根据铸件结构特点，可采用空冷、风冷、喷雾或用高铬白口铸铁专用液体淬火介质冷却。根据淬火硬度可采用低温回火或亚临界热处理工艺，以获得高硬度马氏体为主，残留奥氏体很少的基体组织。

Cr26 白口铸铁淬火与回火工艺及组织、硬度变化情况见表 7-51。图 7-18 所示为 Cr26 白口铸铁淬火与回火工艺。

表 7-51　Cr26 白口铸铁淬火与回火工艺及组织、硬度变化情况

淬火与回火处理工艺	金相组织	淬火态或淬火与回火处理后硬度	基本化学成分（质量分数,%）
550℃保温 1t,1000～1060℃保温 1t,空淬或风冷或喷雾,冷却至 550℃左右后空冷,200～300℃保温(1.5～2.0)t 回火,出炉空冷或亚临界处理(见图 7-18)	共晶碳化物(M_7C_3)+二次碳化物+马氏体+残留奥氏体	≥58HRC ≥650HBW	C 2.0～3.3、Si<1.2、Mn≤2.0、Cr 18.0～23.0、Mo≤3.0、Ni≤2.5、Cu≤1.2

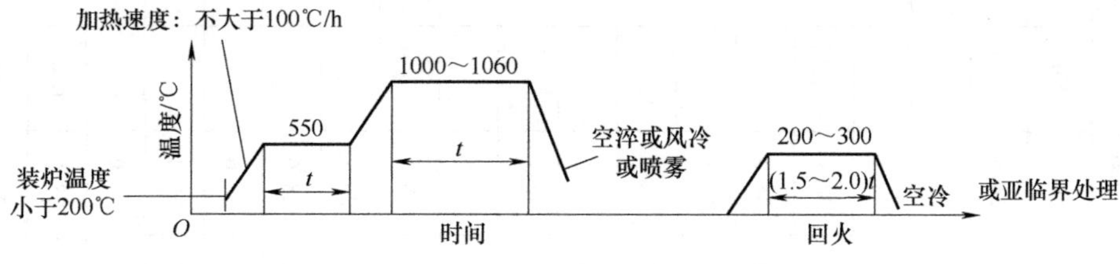

图 7-18　Cr26 白口铸铁淬火与回火工艺

回火温度对 Cr24 高铬铸铁硬度影响见表 7-52。Cr28 白口铸铁不同淬火工艺对力学性能影响见表 7-53。Cr30-Mn2.8-Si0.8 高铬铸铁淬火后的力学性能见表 7-54。

表 7-52　回火温度对 Cr24 高铬铸铁硬度影响

淬火工艺	回火温度/℃(保温时间 6h)							
1050℃保温 3h 风淬	淬火态	150	230	320	420	440	460	500
硬度 HRC	65.0	64.5	62.0	62.5	63.2	63.4	64.5	58.0

表 7-53 Cr28 白口铸铁不同淬火工艺对力学性能影响

实验种类	淬火处理工艺	化学成分(质量分数,%)						硬度 HRC	基体 HV50	碳化物 HV50	抗弯强度/MPa	挠度/mm	冲击韧度/(J/cm²)	断裂韧度 K_{IC}/MPa·m$^{1/2}$
		C	Si	Mn	Cr	Mo	Cu							
1A	铸态+250℃保温 2h 空冷	2.90	0.63	0.83	28.5			30.2	200	1313	905	3.75	6.6	31.9
2A		2.52	0.65	0.34	28.5			50.5	372	1409	1100	3.52	10.1	34.8
3A		2.82	0.71	0.26	28.1			54.3	499	1744	926	3.04	10.3	34.1
4A		3.28	0.84	0.31	28.1			55.5	530	1858	828	2.41	8.7	34.6
1B	1160℃保温 2h 空冷+250℃保温 2h 空冷	2.09	0.63	0.83	28.5			56.4	510		940	3.16	7.5	29.7
2B		2.52	0.65	0.34	28.5			51.5	462		1083	6.20	12.5	38.7
3B		2.82	0.71	0.26	28.1			53.1	569		1141	3.01	11.1	32.3
4B		3.82	0.84	0.31	28.1			53.5	575		932	2.52	8.9	33.1
1c	1040℃保温 2h 空冷+250℃保温 2h 空冷	2.90	0.63	0.83	28.5			62.1	716					25.2
2c		2.52	0.65	0.34	28.5			62.3	722		893	2.04	6.0	29.1
3c		2.82	0.71	0.26	28.1			63.8	722		952	2.17	7.7	28.6
4c		3.82	0.84	0.31	28.1			64.8	802		908	2.23	6.1	26.8
15A	铸态+250℃保温 2h 空冷	2.82	0.66	1.42	28.6			54.8			936	3.07	10.3	
30A		2.82	0.66	3.21	28.6			51.0	459		864	2.84	12.5	
10A		2.86	0.66	0.77	27.4		1.09	53.3			1017	3.44	10.5	
20A		2.80	0.66	0.97	29.9		1.99	50.1	449		1046	3.47	11.7	
05A		2.76	0.66	0.74	28.6	0.4		55.4			992	3.28	10.7	
25A		2.96	0.69	0.71	28.0	1.06		51.1	468		929	3.17	11.5	

注：冲击试样尺寸 20mm×20mm×110mm 无缺口，不经机加，跨距 70mm。

表 7-54 Cr30-Mn2.8-Si0.8 高铬铸铁淬火后的力学性能

状　态	毛坯尺寸①/mm	试样直径/mm	硬度 HRC	试样表面	抗弯强度②/MPa
1 号试样(质量分数):C=1.76%					
铸　态	ϕ30×340	30	24.5~26.0	铸态	500~700(610)
	25×160×135	12	22.0~24.0	车削	1110~1340(1210)
1100℃淬火③	ϕ30×340	30	31~34	铸态	630~830(750)
	25×160×135	12		车削	1030~1270(1090)
2 号试样(质量分数):C=2.37%					
铸　态	ϕ30×340	30	46~47	铸态	580~690(680)
	25×160×135	12	46~48	车削	1040~1270(1150)
1100℃淬火③	ϕ30×340	30	52	铸态	560~660(590)
	25×160×135	12		车削	700~1130(9200)
	ϕ30×340	27	52	车削	590~760(690)

① 3 个数字为高×长×宽；ϕ 表示直径，乘号后数字为长度。
② 括号中为平均值。
③ 按 350mm×1400mm×1400mm 平板冷却。

Cr26 白口铸铁经淬火与回火工艺后相关数据见 7-55。Cr26 高铬白口铸铁不同淬火、回火热处理对硬度的影响见表 7-56，Cr26 高铬铸铁的化学成分见表 7-57。

表 7-55 Cr26 白口铸铁经淬火与回火工艺后相关数据

<table>
<tr><td rowspan="5">合金 1</td><td colspan="2" rowspan="2">化学成分(质量分数,%):C 3.1,Ni 0.29,Si 0.5,Cr 24.5,Mn 1.0,Mo 0.0,Cu 0.1</td><td>马氏体</td><td>残留奥氏体</td><td>碳化物</td><td rowspan="2">硬度 HBW</td></tr>
<tr><td colspan="3">体积分数(%)</td></tr>
<tr><td>A</td><td>铸态</td><td>29.3</td><td>71.7</td><td>32</td><td>600</td></tr>
<tr><td>B</td><td>1000℃保温 4h 空淬</td><td>66.5</td><td>33.5</td><td></td><td>705</td></tr>
<tr><td>C</td><td>1000℃保温 4h 空淬+482℃保温 8h</td><td>85.2</td><td>4.80</td><td></td><td>710</td></tr>
<tr><td rowspan="5">合金 2</td><td colspan="2" rowspan="2">化学成分(质量分数,%):C 3.2,Ni 0.3,Si 0.20,Cr 28.8,Mn 0.50,Mo 0.5,Cu 0.10</td><td>马氏体</td><td>残留奥氏体</td><td>碳化物</td><td rowspan="2">硬度 HBW</td></tr>
<tr><td colspan="3">体积分数(%)</td></tr>
<tr><td>A</td><td>铸态</td><td>64</td><td>36</td><td>35</td><td>640</td></tr>
<tr><td>B</td><td>1000℃保温 4h 空淬</td><td>84</td><td>16</td><td></td><td>705</td></tr>
<tr><td>C</td><td>1000℃保温 4h 空淬+520℃保温 10h</td><td>92</td><td>8</td><td></td><td>720</td></tr>
</table>

表 7-56　Cr26 高铬白口铸铁不同淬火、回火热处理对硬度的影响

淬火温度		960℃			990℃			1010℃			1030℃			1050℃			1080℃			1100℃		
冷却方式		风	油	特	风	油	特	风	油	特	风	油	特	风	油	特	风	油	特	风	油	特
3h	淬火态	52	57	60	55	57	56	56	57	58	57	58	59	58	58	59	57	57	59	56	57	58
	530℃	53	57	60	55	55	52	53	56	57	56	56	58	56	56	58	57	56	58	55	55	57
	275℃	53	57	60	55	57	56	56	58	58	57	58	60	58	58	60	57	59	57	57	57	58
5h	淬火态	58	59	58	56	59	58	56	58	61	59	59	65	58	60	62	56	55	60	57	58	59
	530℃	56	58	57	54	57	56	55	57	59	56	59	61	56	59	61	55	55	59	53	58	58
	275℃	57	58	58	56	59	60	59	57	62	59	59	64	58	60	62	57	56	60	58	59	58
6h	淬火态	57	61	58	63	58	64				58	59	59							58	55	60
	530℃	58	59	60				58	59	59				58		55	64		57			
	275℃				58	58	62							60			62					

注：风—风淬，油—油淬，特—特殊淬火介质淬火（高铬铸铁用专用介质）

表 7-57　Cr26 高铬铸铁的化学成分

元　　素	C	Si	Mn	Cr	Mo	S	P	Ti	V	铬碳比
质量分数(%)	2.68	0.67	0.37	26.02	0.1	0.06	0.07	极微量		9.708

5. 高铬白口铸铁获得马氏体+奥氏体混合基体组织的淬火与回火工艺

对于腐蚀磨损和磨料磨损兼顾的高铬白口铸铁，如 Cr20、Cr26 型铬含量较高、铬碳比高、含有一定量的扩大奥氏体和稳定奥氏体的辅助元素的高铬白口铸铁，为获得兼顾良好腐蚀磨损性能和抗磨料磨损性能的马氏体+奥氏体混合基体组织，根据铸件服役的磨损特点和铸件结构特点，可采用较高温度下充分奥氏体化和较快的冷速相结合的（空淬或风冷或风冷+喷雾）淬火+回火热处理工艺，使充分奥氏体化的高温过饱和的奥氏体中的碳和铬等元素，随着温度的降低一部分被析出（脱稳），降低其稳定性，促使 *Ms* 提高到室温以上，促使向马氏体转变；另一部分因冷速较快来不及脱稳，仍保留到室温，从而获得马氏体+奥氏体混合基体组织。通过控制适宜冷速和脱稳过程及脱稳程度，可获得马氏体量多+奥氏体量少（硬度 56HRC 左右）或马氏体量+奥氏体量基本相等（硬度 52HRC 左右）或马氏体量少+奥氏体量多（硬度 44~48HRC）的混合基体组织。例如造纸机械所用的 Cr26 高铬白口铸铁磨片，曾生产实践过获得马氏体+奥氏体混合基体组织，其热处理工艺与结果见表 7-58。

表 7-58　获得马氏体+奥氏体混合基体组织的淬火与回火工艺

项目	实验结果						
主要化学成分（质量分数,%）	C 2.75~2.85	Si 1.1~1.3	Mn 0.7~0.8	Cr 24.5~26.0	Ni 1.2~1.3	Mo 0.4~0.6	其他 B、Ti 极微量
组织及硬度	马氏体+奥氏体混合基体组织+共晶碳化物;硬度 53~55HRC						
使用环境及效果	纸浆 pH 值为 4.0;亚硫酸的质量分数为 0.09%; 与进口磨片相媲美,其价格为进口的 1/3						
热处理工艺	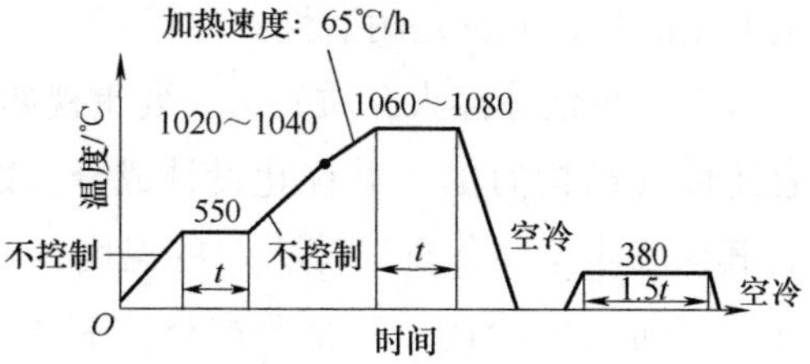 加热速度: 65℃/h 温度/℃　1020～1040　1060～1080　550　不控制　t　不控制　t　空冷　380　1.5t　空冷　O　时间 ☆值得指出的是这种热处理奥氏体化因温度较高、且高温加热温度较缓慢、高温保温时间较长等原因铸件表面将发生较严重氧化现象。因此需要一种工艺热处理的铸件表面预先涂挂一层防氧化涂料						

综上不难看出，高铬白口铸铁高温硬化热处理过程中，需要优化选择工艺参数：加热速度、奥氏体化温度、保温时间、冷却速度等，尤其是冷却速度。铸件结构简单、铬碳比较低、碳含量较低、不含有高温奥氏体稳定化元素的高铬铸铁件，如铬 12 高铬铸铁件（磨球或壁厚不超过 100mm 简单铸件），可采用冷却速度较快的液体淬火介质淬火（油或专用精细化工淬火介质），以防止冷却过慢易出现高温奥氏体高温转变组织（如珠光体组织等），有效弥补其高温奥氏体稳定性欠佳、淬透性欠佳所带来的硬度不高和铸件各部位组织及硬度不够均匀的倾向。但此工艺不适合于用于铸件结构较复且壁厚相

差较大、铬碳比（>5.0）较高、含有一定含量的稳定奥氏体化元素、高温奥氏体稳定性较高的高铬白口铸件上，因为此工艺冷却速度过快，难以使原拥有高温奥氏体稳定性良好的过饱和奥氏体在连续冷却过程中充分地脱稳，奥氏体稳定性依然较高，*Ms* 较低，奥氏体向马氏体转变不够充分，将保留较多残留奥氏体，铸件硬度偏低。同时此工艺因冷却速度较快，结构较复杂铸件易出现产生裂纹的倾向。所以，这类高铬白口铸铁件，在淬火冷却过程中应根据铸件结构特点和季节温度变化，采用适宜的空冷、风冷或风冷+喷雾等控制其冷却速度，冷却时要做到冷却均匀，严格控制高温奥氏体的适宜脱稳过程和脱稳程度。当高铬白口铸件冷却到接近 550℃ 左右时，要采用较慢的冷却工艺（在自然空气冷却），促进过冷奥氏体脱稳进程并促使 *Ms* 点提高到室温以上，为过冷奥氏体向马氏体转变创造有利条件，以获得多数基体组织呈现为被碳、铬等合金元素过饱和的马氏体，且含有少量残留奥氏体的理想基体组织。

值得再次强调的是在冷却过程中要严格控制高温奥氏体的适宜脱稳过程和脱稳程度。当冷却速度过快时，基体组织中残留奥氏体过多、硬度偏低；当冷却速度较慢时，基体组织中残留奥氏体含量较少，但马氏体中碳和铬等元素的含量相对偏低，将降低基体显微硬度和耐磨性及耐蚀性。这是因为磨损过程中，碳和铬等合金元素含量相对偏低的马氏体基体组织，因其显微硬度和电极电位偏低，易呈现凹坑，将减弱基体组织对共晶碳化物的支撑和保护能力，而共晶碳化物易呈现凸状易引起折断，从而降低耐磨性。

有些企业为了降低高铬白口铸铁生产成本，采用冷却速度较快的油淬工艺，同时降低高铬白口铸铁中对耐磨性最有贡献的碳和铬的质量分数含量，以防油淬中产生裂纹。这虽然可以提高铸件硬度，但这种成分设计和油淬热处理工艺，在某种程度上降低了高铬白口铸件应有的质量品位，尤其是耐磨性，并仍存在淬火裂纹隐患，不宜提倡。

实施油淬工艺（含其他液体淬火介质）时，要重视如下几点；

一是选好适宜铸件（结构简单）并优化设计成分，以防淬不硬或开裂；二是要严格控制淬火油（含其他液体淬火介质）淬火时的温度，要保持在工艺所规定温度并保持一致性，以确保工艺所需的冷速；三是要严格控制淬火油（含其他液体淬火介质）的质量特性和清洁度（无氧化皮等杂物）保持一致，以确保淬火质量；四是要设有必需的环保设施（淬火油污染严重）和安全设施（淬火油易着火）。

6. 镍硬白口铸铁的淬火与回火工艺

铸态镍硬白口铸铁虽然具有较高的硬度，但组织中奥氏体较多、成分不够均匀且抗冲击疲劳寿命不长。因此要进行适宜硬化处理，使基体组织中的残留奥氏体转变成马氏体或贝氏体，同时使成分得到均匀化。Ni-Hard1、Ni-Hard2 一般在中低温温度下进行硬化处理即可，Ni-Hard4 则需经较高温度或中温进行亚临界硬化处理。镍硬白口铸铁硬化处理工艺和相关金相组织及力学性能见表 7-59。图 7-19 所示为镍硬白口铸铁硬化处理工艺。镍硬铸铁铸态组织和硬化处理后硬度见表 7-60。硬化工艺对不同含碳 Ni-Hard4 镍硬铸铁冲击疲劳寿命和硬度的影响见表 7-61。

表 7-59　镍硬白口铸铁硬化处理工艺和相关金相组织及力学性能

牌　号	硬化工艺(见图 7-19)	金相组织	硬化态或硬化态+去应力处理后硬度
(Ni-Hard1)	430~470℃保温(4~6)t,出炉空冷或炉冷	共晶碳化物 M_3C+马氏体+贝氏体+残留奥氏体	≥56HRC ≥600HBW
(Ni-Hard2)	430~470℃保温(4~6)t,出炉空冷或炉冷	共晶碳化物 M_3C+马氏体+贝氏体+残留奥氏体	≥56HRC ≥600HBW
(Ni-Hard4)	750~820℃保温(4~10)t,出炉空冷或炉冷。	共晶碳化物(M_7C_3+少量 M_3C)+二次碳化物+马氏体+贝氏体+残留奥氏体	≥56HRC ≥600HBW
(Ni-Hard4) 大型复杂铸件	550℃保温(4~10)t,空冷,继之以 450℃温保(4~10)t 空冷。	共晶碳化物(M_7C_3+少量 M_3C)+二次碳化物+马氏体+贝氏体+残留奥氏体	≥56HRC ≥600HBW

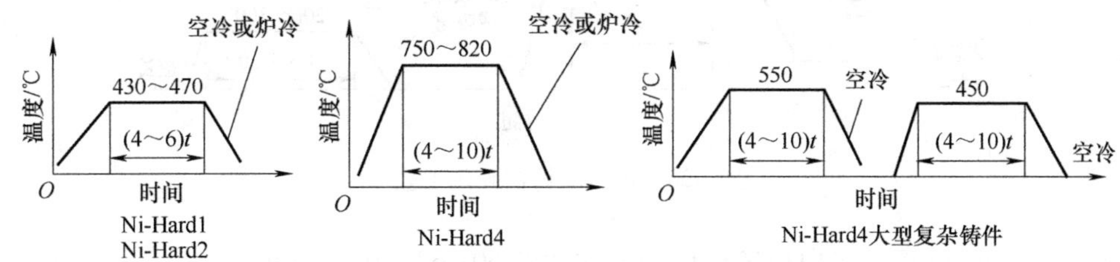

图 7-19　镍硬白口铸铁硬化处理工艺

表 7-60　镍硬铸铁铸态组织和硬化处理后硬度

化学成分(质量分数,%)							铸态组织	热处理后硬度 HV					
C	Si	Mn	Ni	Cr	Mo	Cu		铸态	200℃ 4h	200℃ 16h	275℃ 4h	275℃ 16h	450℃ 4h 275℃ 16h
3.20	0.56	0.45	4.07	2.13	0.20	0.21	25%马氏体	608	641	660	656	659	739
3.65	0.62	0.57	3.92	2.25	0.20	0.41	40%马氏体	628	625	655	633	647	691
3.14	0.47	0.42	3.90	2.14	0.19	0.32	70%马氏体	710	683	673	692	696	667
3.19	0.69	0.37	3.86	2.19	0.19	0.25	55%马氏体+25%贝氏体	641	660	663	692	677	687
3.11	0.62	0.43	4.07	2.16	0.21	0.20	65%马氏体+15%贝氏体	662	653	695	673	667	688

注：剩余组织为共晶碳化物和 Ar。

表 7-61　硬化工艺对不同含碳 Ni-Hard4 镍硬铸铁冲击疲劳寿命和硬度的影响

硬化工艺	碳含量(质量分数,%)	冲击疲劳寿命/次	硬度　HV
750℃保温 8h,空冷	3.48	684	821
750℃保温 8h,空冷	3.01	1670	807
750℃保温 8h,空冷	2.90	3728	737
750℃保温 8h,空冷	2.60	4590	710

7. 钒白口铸铁淬火回火工艺

钒白口铸铁由于生产成本较高，限制了应用，然而其良好的综合力学性能是不可忽视。随着钒含量的增加，钒白口铸铁的共晶组织，由奥氏体+渗碳体→奥氏体+渗碳体+钒碳化物→奥氏体+钒碳化物顺序变化。当钒白口铸铁中添加适宜的铬时，钒白口铸铁在铸态下可获得马氏体为主的基体组织，显示出较高的综合力学性。钒碳化物 VC 在钒白口铸铁中呈现孤立球状（葡萄粒状）均匀分布于基体组织中，其硬度可达 1800HV，为提高钒白口铸铁的综合力学性能起到积极作用。

钒白口铸铁有时也采用高温硬化工艺，其工艺如图 7-20 所示。

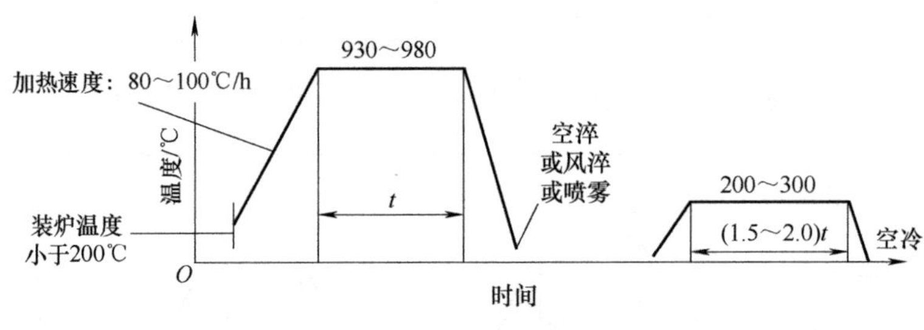

图 7-20　钒白口铸铁硬化工艺

经高温硬化处理后钒白口铸铁件硬度均达到 60~63HRC。但此工艺铸件表面氧化十分严重，甚至有时发生表面有脱碳现象，要谨慎实施。含铬钒白口铸铁件多数采用亚临界硬化工艺。

7.4.9 亚临界硬化处理工艺

1. 高铬白口铸铁的亚临界处理

铬碳比较高且含有一定量的镍、钼、铜等辅助元素的大型高铬白口铸铁件，尤其是形状不规则，壁厚相差悬殊结构复杂的大型高铬白口铸铁件，采用亚临界处理工艺，同样也能达到硬化的目的。同时可以有效克服这种铸件高温淬火时，易开裂、易变形、表面易氧化或脱碳、能耗高等热处理缺陷。

亚临界热处理用 Cr15 型高铬白口铸铁的化学成分见表 7-62，1 号和 3 号材料高铬铸铁亚临界处理工艺如图 7-21 所示，亚临界处理工艺及硬度变化情况见表 7-63，亚临界处理温度和保温时间与硬度关系如图 7-22 所示。

表 7-62　亚临界热处理用 Cr15 型高铬白口铸铁的化学成分

编号	化学成分(质量分数,%)						铬碳比
	C	Si	Mn	Cr	P	S	
1	2.90	0.94	1.60	16.5	0.06	0.05	5.67
2	2.62	0.70	1.42	15.13	0.038	0.034	5.77
3	2.88	0.96	1.70	16.4	0.06	0.05	5.70
4	2.88	0.96	2.6	16.4	0.06	0.05	5.70

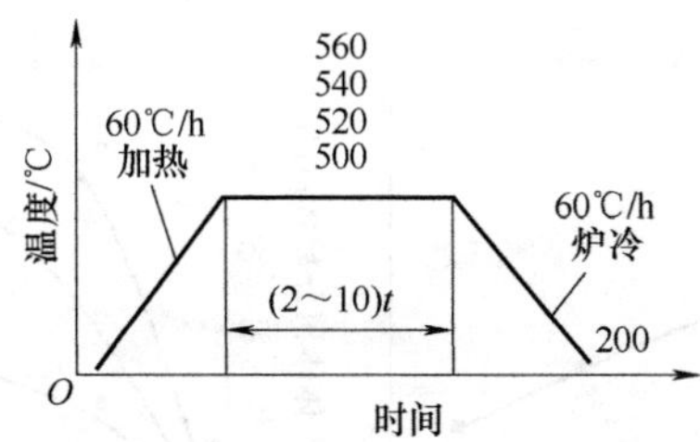

图 7-21 1号和3号材料高铬铸铁亚临界处理工艺

注：1. 试验结果中硬度值为5点实测结果的平均值。

表 7-63 亚临界处理工艺及硬度变化情况

亚临界处理温度/℃	保温时间/h						
	0	2	4	6	8	10	12
	硬度 HRC						
500	56	55	55.5	56	57	58	
520	56	54	57	61	63	61	
540	56	56	58	61	60	59.5	
560	56	59	59	58	57	56	

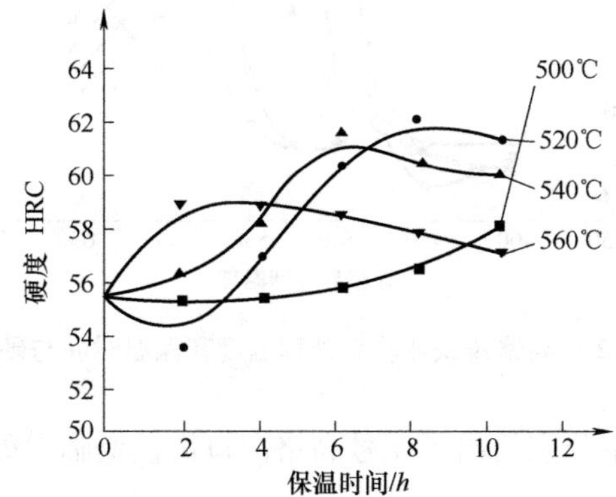

图 7-22 亚临界处理温度和保温时间与硬度关系

在图7-23、图7-24、图7-25中分别给出了2号高铬白口铸铁亚临界处理工艺及结果。

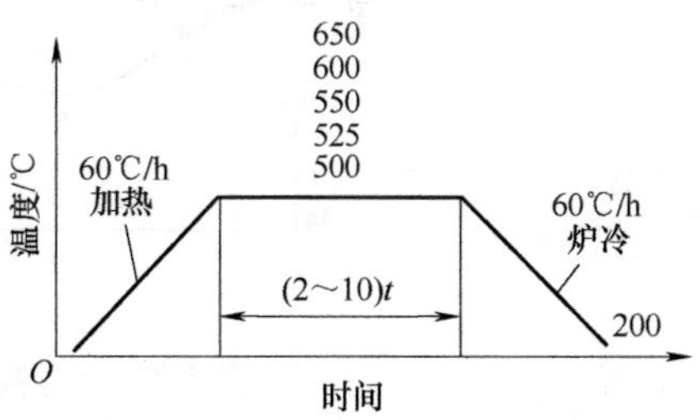

图 7-23 2号高铬铸铁亚临界处理工艺

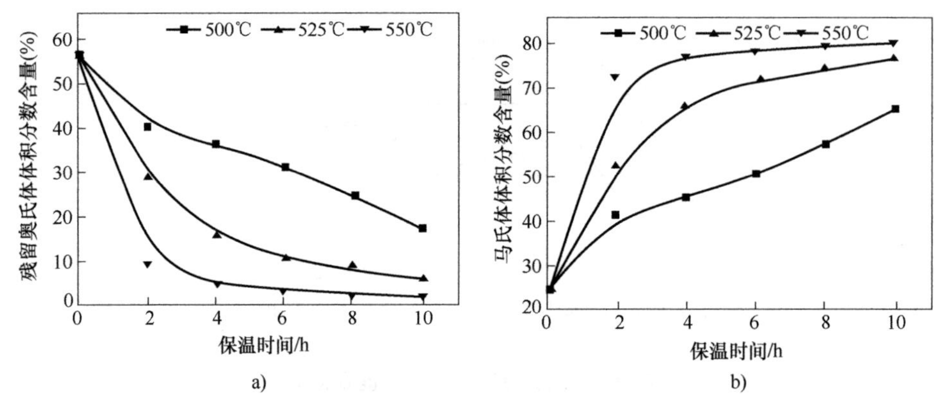

图 7-24　亚临界处理中残留奥氏体体积分数含量和马氏体体积分数含量的变化
a）残留奥氏体体积分数含量　b）马氏体体积分数含量

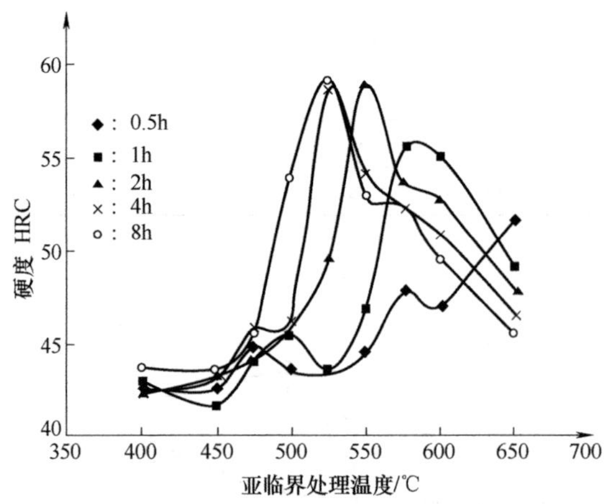

图 7-25　2 号高铬铸铁亚临界处理温度和保温时间与硬度关系

在图 7-26、图 7-27 中分别给出了 4 号高铬白口铸铁亚临界处理工艺及硬化结果。

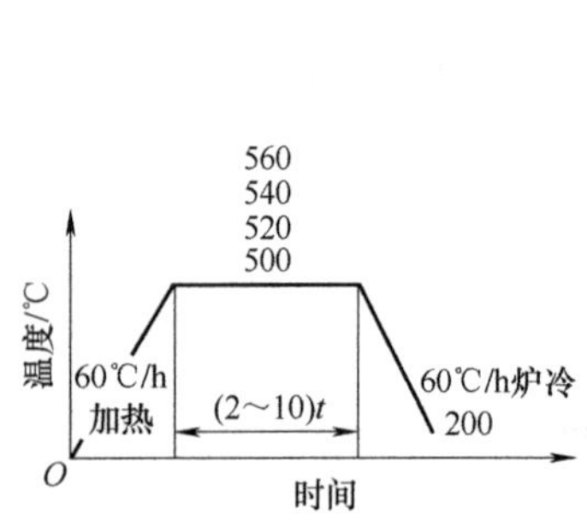

图 7-26　4 号高铬白口铸铁亚临界热处理工艺

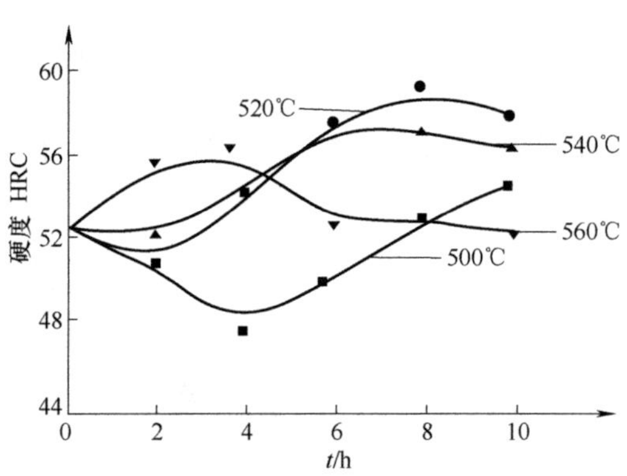

图 7-27　4 号高铬白口铸铁亚临界热处理硬化曲线

从上述的亚临界处理试验结果不难看出，在加热、保温、冷却过程中，铸态高铬铸铁中的残留奥氏体不断析出碳和铬形成细小（Fe,Cr)$_{23}$C$_6$碳化物或（Fe,Cr)$_7$C$_3$碳化物。虽然文献对所析出的碳化物结构有不同见解，但都认同这个过程中残留奥氏体析出碳和铬形成碳化物的这一事实。随着碳化物的析出 *Ms* 点要升高，析出碳化物越多，随着 *Ms* 点的提高，残留奥氏体的稳定性越低，残留奥氏体向马氏转变量越多，提高硬度的幅度就越大，从而出现二次硬化现象。这就是高铬白口铸铁亚临界硬化处理的基本机制。

铬 15 型高铬铸铁而言，亚临界加热温度 520℃、保温 8h 时，其硬度呈现峰值。然而亚临界加热温度过高（如 560℃以上）、保温时间过长（如 8h 以上）时，由于残留奥氏体析出过多的碳化物，其组织变为珠光体，反而会降低硬度。

在表 7-64 中列出了 Cr20 高铬白口铸铁铸亚临界热处理工艺与硬度、残留奥氏体量的关系。图 7-28 所示为 Cr20 高铬白口铸铁亚临界处理工艺。

表 7-64　Cr20 高铬白口铸铁亚临界热处理工艺与硬度、残留奥氏体量的关系

亚临界热处理温度/℃	硅含量(质量分数)Si=0.54%		硅含量(质量分数)Si=1.13%	
	硬度 HV30	残留奥氏体量(体积分数,%)	硬度 HV30	残留奥氏体量(体积分数,%)
铸态	630	46	640	30
450	604		721	33
475	633	45	728	23
500	670		670	15
525	688	38	639	
550	665	25	611	

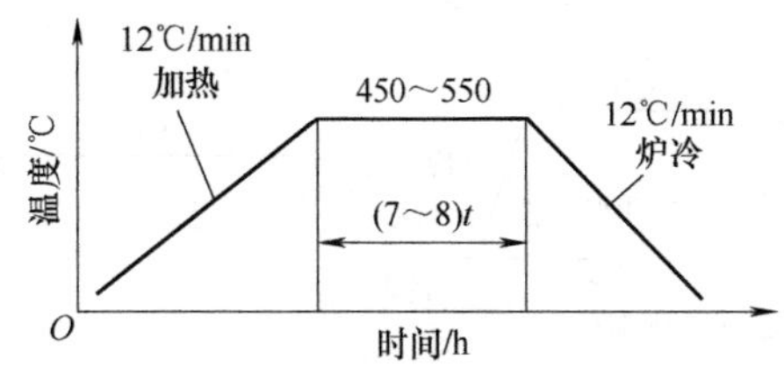

图 7-28　Cr20 高铬白口铸铁亚临界处理工艺

注：1. 以 12℃/min 速度升温至亚临界热处理温度，再以 12℃/min 速度炉冷；
2. 铁液成分：C=2.6%、Cr=20%、Mo=2.5%；
3. 模拟 150mm×150mm×150mm 试块所得。

生产实践表明 Cr26 型高铬白口铸铁件，例如 250NP 等结构复杂壁厚相差悬殊的大型杂质泵叶轮等铸件，也可采用适宜的亚临界热处理工艺，通过二次硬化原理达到硬化的目的。能有效克服高温淬火易开裂、易变形、表面易氧化或脱碳、能耗高等热处理缺陷，为 Cr26 型大型复杂高铬白口铸件提供了新的硬化工艺，其工艺与铬 15 型和铬 20 型高铬铸铁件的亚临界热处理工艺基本相同。

亚临界硬化处理工艺，十分适合应用在高铬碳比、含有较高稳定奥氏体元素、铸态奥氏体含量较多、铸件形状十分复杂且壁厚有较大差异的大型高铬白口铸铁铸件上。

亚临界热处理对不同铬碳比的高铬白口铸铁硬度的影响程度有所不同。铬碳比较低（<5）铸态残留奥氏体少量时，亚临界热处理对其硬度的影响微乎其微，然而铬碳比较高（>5）铸态残留奥氏体量较多时，亚临界热处理对其硬度的影响十分明显，硬度提高的幅度较大，硬化效果显著。

不同铬碳比的高铬白口铸铁，在同一热处理温度出现硬度峰值的时间各不相同，同一铬碳比的高铬白口铸铁，在不同热处理温度达到峰值的时间也不相同。

生产实践表明，经高温淬火处理后硬度偏低的高铬白口铸铁件（残留奥氏体偏高的铸件），也可通过适宜亚临界处理工艺提高硬度。

2. 镍硬铸铁的亚临界硬化处理工艺（Ni-Hard4）

用 Ni-Hard4 镍硬铸铁生产的中速磨磨辊、磨盘等大型铸件，也采用亚临界热处理，以防高温硬化时产生裂纹、氧化或脱碳。其工艺为：以 60℃/h 加热速度加热到 550℃，保温 4~6h 空冷，继之 450℃保温 6~16h，空冷。

在表 7-65 中列出了 Ni-Hard4 镍硬铸铁亚临界硬化处理工艺及相关性能。图 7-29 所示为 Ni-Hard4 镍硬铸铁亚临界硬化处理工艺。

表 7-65 Ni-Hard4 镍硬铸铁亚临界硬化处理工艺及性能

亚临界处理工艺	艾氏冲击吸收功/J	冲击疲劳寿命/次	硬度 HV
550℃保温(4~6)t 空冷+ 450℃保温(6~16)t 空冷	23~32	1500	680~720

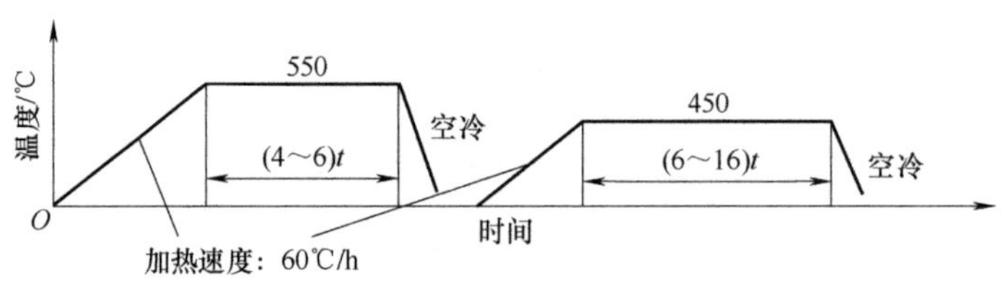

图 7-29 Ni-Hard4 镍硬铸铁亚临界硬化处理工艺

3. 钒白口铸铁的亚临界硬化处理工艺

鉴于钒白口铸铁的抗氧化性欠佳的实际情况，含钒较高的钒白口铸铁件，一般很少采用高温淬火工艺，以防铸件表面严重氧化或脱碳、变形，甚至导致发生裂纹。根据铸件铸态组织（残留奥氏体量）和结构特点，多数采用适宜的亚临界硬化工艺。见表 7-66。图 7-30 所示为钒白口铸铁的亚临界热处理工艺。

表 7-66　钒白口铸铁的亚临界热处理工艺及组织、力学性能

热处理工艺	共晶碳化物体积分数(%)		基体组织	力学性能		主要成分(质量分数,%)
	MC 型	M_7C_3		HRC	$a_K/(J/cm^2)$	
铸态	13.6	13.5	70%M+30%A	58~60	8.0~8.8	C 2.8~3.2、V 7~9、Cr 8~10、Si 1.0~1.2
亚临界热处理 480~560℃ 保温(6~8)t 炉冷或出炉空冷	13.6	13.5	90%M+10%A	62~64	10~12	

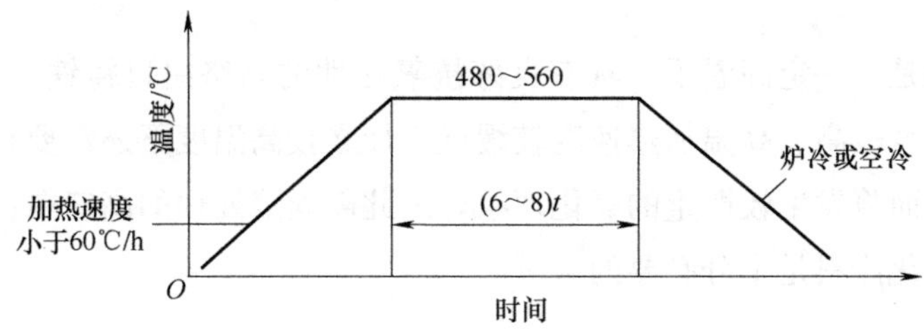

图 7-30　钒白口铸铁的亚临界热处理工艺

7.4.10　抗磨白口铸件的固溶处理工艺

用于耐腐蚀或耐热为主的高铬白口铸铁，虽然通常含有较高铬含量和较高铬碳比，同时含有一定含量的扩大奥氏体和稳定奥氏体的辅助元素镍、钼、铜等，但铸态下基体组织中或多或少存在奥氏体转变组织（马氏体或贝氏体），且成分不均。为获得耐腐蚀性或耐热性优异的奥氏体基体组织和成分均匀的高铬白口铸铁铸件，通常采用固溶处理。即通过充分奥氏体化（加热温度高于该材料的最佳淬火温度）、提高奥氏体中的碳和铬等稳定奥氏体化元素浓度等手段，使 *Ms* 降低到室温以下，并采用快速冷却工艺（风冷、喷雾或适宜液体冷却介质冷却），获得耐腐蚀或耐热性良好成分均匀的奥氏体基体组织。

在表 7-67 中列出了铬 26 高铬铸铁固溶处理工艺与结果。图 7-31 所示为铬 26 高铬铸铁固溶处理工艺。

表 7-67　铬 26 高铬铸铁固溶处理工艺热处理工艺与结果

项目	实验结果							
	C	Si	Mn	Cr	Ni	Mo	Cu	其他
主要成分(质量分数,%)	2.8~3.0	0.8~1.2	0.7~0.8	24~26.0	1.0~1.5	0.4~0.7	0.4~0.6	B、Ti、V、Nb 极微量
组织及硬度	奥氏体基体组织+共晶碳化物;硬度 42~46HRC							

奥氏体基体高铬白口铸铁，多数用于耐蚀或耐热为主兼有一定磨料磨损领域服役的各类抗磨铸件上。如造纸所用的磨片、酒精淀粉所用的磨针、耐酸泵过流零部件等。

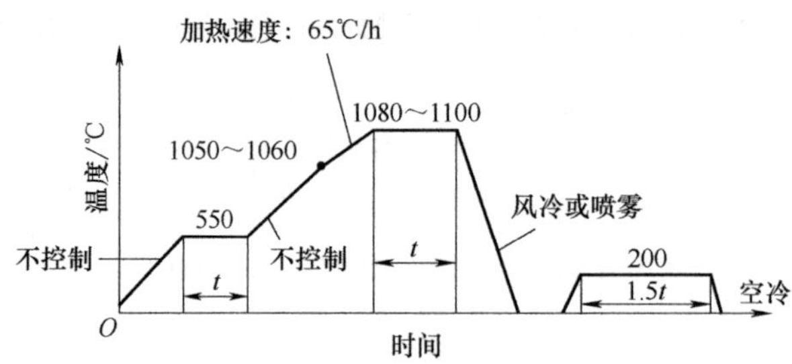

图 7-31　铬 26 高铬铸铁固溶处理工艺

值得指出的是在一定高温下，具有良好抗氧化性的高铬白口铸铁，经固溶处理时，由于固溶处理温度较高、高温加热速度较缓慢，加之较高温度下还需要保温等原因，高铬白口铸铁件表面将发生较严重的氧化现象。因此需固溶处理的高铬白口铸铁件表面预先涂挂一层防氧化涂料是十分必要的。

7.4.11　双金属复合铸件的热处理工艺（双液或镶铸件）

随着抗磨白口铸铁技术不断的进步和发展，为扩大具有良好耐磨性却韧性较差的抗磨白口铸铁的应用范围，20 世纪 70 年代起国内外许多冶铸工作者，经不断探讨、研究、实践，提出了许多既能充分发挥抗磨白口铸铁的良好抗磨特性，同时也能有效限制抗磨白口铸铁固有的韧性较差特性的复合铸件生产工艺。例如抗磨白口铸铁—铸钢双液双金属复合铸件生产工艺、抗磨白口铸铁或各类硬质增强体与耐磨铸钢为基础的镶铸复合铸件生产工艺、铸件表面铸渗抗磨白口铸铁或各类硬质增强体的复合铸件生产工艺、抗磨白口铸件工作部位镶铸三维多孔陶瓷颗粒复合铸件生产工艺等。在充分发挥抗磨白口铸铁固有的良好抗磨特性的同时，有效限制了抗磨白口铸铁固有的韧性较差特性，确保了抗磨复合铸件安全、可靠、耐久、经济的使用性能，有效扩大了抗磨白口铸铁的应用范围。其中抗磨白口铸铁-铸钢双液双金属复合铸件、抗磨白口铸铁或各类硬质增强体与耐磨铸钢为基础的镶铸复合铸件，已有国标并批量生产。典型复合铸件为国内某公司从 20 世纪 80 年代起至今一直批量生产（年产近 1 万 t）的高铬白口铸铁-耐磨钢双液双金属复合锤头。这种复合锤头的磨损部位和非磨损部位锤柄，分别由具有良好耐磨性的高铬白口铸铁和良好强韧性的耐磨铸钢，通过双液双金属复合铸造工艺铸造而成。多年的生产实践表明双液双金属复合锤头，双金属结合部位显示良好的冶金结合且并未形成中间合金，两种材料以结合面为界仍保持自己固有的特性，从而确保了双金属复合锤头安全、可靠、耐久、经济的使用性能。

国内也有企业批量生产由高铬白口铸铁或各类硬质增强体与耐磨铸钢为基础的镶铸复合锤头，锤头工作部位由高铬白口铸铁或各类硬质增强体与强韧性耐磨钢镶铸而成，而锤头非工作部位由强韧性耐磨钢铸造而成。镶铸复合锤头结合部位具有良好的冶金结合且并未形成中间合金，两种材料以结合面为界仍保持自己固有的特性，呈现类似于抗磨白口铸铁微观组织的宏观组织。即镶铸在耐磨钢内的高铬白口铸铁或各类硬质增强体类似于抗磨白口铸铁中的共晶碳化物，耐磨钢类似于抗磨白口铸铁中的基体，既确保了锤头磨损部位耐磨性和强韧性，又确保锤头非工作部位锤柄的强韧性，有效提高了镶铸复合锤头的使用性能。

制订双液或镶铸的双金属复合铸件热处理工艺时，一是要弄清楚抗磨白口铸铁-铸钢（双液和镶铸）双金属复合铸件的确切化学成分，寻找与成分相符的相图和连续冷却曲线及相变点，了解其物化特性如热导率、热膨胀系数等，为制订双金属复合铸件最佳热处理工艺提供理论依据。二是要认真严查双金属复合铸件结合部位冶金质量，以确定该复合铸件是否进行热处理。如结合部位不能 100%冶金结合、结合部位界面已形成中间合金、结合部位界面存在气孔和夹渣等缺陷，则不能成为合格的双金属复合铸件，不必进行热处理。三是既要认真考虑抗磨白口铸铁的最佳热处理工艺，也要认真考虑铸钢的最佳热处理工艺，以便提出兼顾两种材料的最佳热处理工艺。四是要充分考虑到两种材料固有的不同物化特性，如不同热导率、不同热膨胀系数等因素引起的热应力和热膨胀对双金属复合铸件的不利影响，尤其是对双金属结合部位的不利影响，以防结合部位裂纹萌生—扩展—开裂。因此双金属复合铸件热处理时，采用适宜的加热速度（较单一材料相对缓慢一些）、适宜的奥氏体化温度和保温时间、适宜的冷却速度等热处理工艺参数是十分重要，以最大限地降低两种材料固有的不同物化特性所带来的不利影响。五是要充分考虑双金属复合铸件，在高温下表面防氧化和防变性。例如，对高铬白口铸铁-铸钢双金属复合铸件而言，由于高铬白口铸铁含有较高的铬，且刚性好，在高温下抗氧化和抗变形能力好于铸钢，其铸件表面氧化和变形较轻微。然而铸钢的抗氧化性和刚性相对而言较差，在高温下抗氧化和抗变形能力比高铬铸铁差得很多，铸件表面将造成严重氧化现象，甚至造成脱碳或变形，严重恶化铸件表面质量。因此双金属复合铸件铸钢部位表面，采用适宜防氧化和防变性措施是十分必要（详见后述的防氧化和防变性措施）。

1. 高铬白口铸铁-铸钢双液双金属复合锤头热处理工艺实例

双液双金属复合锤头的基本情况：双液双金属复合锤头的磨损部位，由铬 15 型高铬白口铸铁铸成，双液双金属复合锤头的非磨损部位锤柄，由 45 碳素钢铸成，其基本情况见表 7-68。双液双金属复合锤头的热处理工艺如图 7-32 所示。

表 7-68　双液双金属复合锤头的基本情况

复合锤头规格	锤头主要部位化学成分(质量分数,%)									结合部位厚度	铸态硬度
	元素	C	Si	Mn	Cr	Mo	Ni	Cu	PS		
65kg/件	磨损部位（高铬）	3.18	1.12	0.85	17.2	0.15	0.13	0.12	<0.05		53 HRC
	锤柄部位（45 钢）	0.45	0.37	0.78					<0.04	92μm	220 HBW

注：考虑到 45 钢的高温抗氧化性能较差的实际情况，为防止锤柄部位在热处理过程中严重氧化，其表面预先涂挂一层防氧化涂料（采用浸深法）。

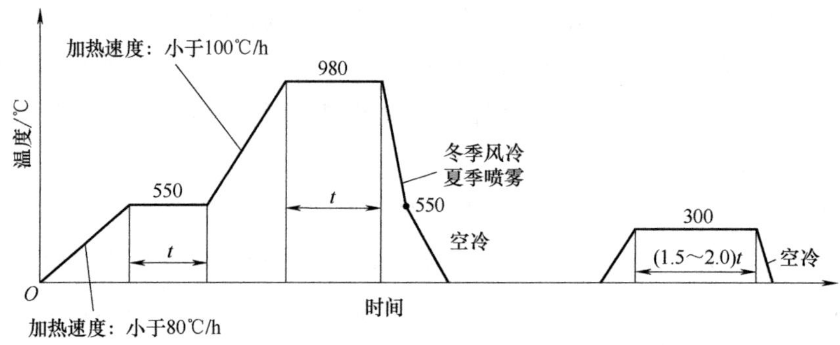

图 7-32　双液双金属复合锤头的热处理工艺

双液双金属复合锤头的热处理结果：热处理后的双液双金属复合锤头，结合部位质量良好，没有出现任何异常现象；防氧化涂料作用良好，45 钢锤柄表面几乎没有发生氧化现象；热处理后双液双金属复合锤头，以结合面为界两种金属各自显示各自固有特征，锤头磨损部位的高铬白口铸铁，显示很高硬度的特征，其硬度均达到 62～63HRC、硬度差小于 2HRC，锤头非磨损部位锤柄，显示 45 钢高强高韧性和适宜硬度特征，从而有效显示双液双金属复合锤头既抗磨又强韧的特征；热处理后双液双金属复合锤头结合部位结合强度，经结合部位拉伸试验结果表明，拉伸时断裂部位均发生在高铬白口铸铁处，说明双液双金属结合部位结合强度高于高铬白口铸铁强度。

结合部剪切试验结果表明，剪切撕裂部位均发生在高铬白口铸铁处，说明双液双金属结合部位结合强度高于高铬白口铸铁强度。

结合部位弯曲试验结果表明，随着弯曲角度的增加（高铬白口铸铁层受拉应力，45 钢受压应力的弯曲试验时），高铬白口铸铁层发生裂纹，其数量和裂纹宽度不断增加，而 45 钢层弯曲到 90°仍没有发生断裂，结合部位结合面没有发生任何脱壳现象，说明双液双金属结合部位结合强度高于高铬白口铸铁强度。

经结合部位冲击试验结果表明，结合部位结合面冲击值远高于高铬白口铸铁冲击值，经冲击试验后试样结合面未出现产生裂纹、脱壳等现象，说明结合面抗冲击能力远高于高铬白口铸铁。

结合部位结合面拉伸、剪切、弯曲、冲击试验用试样和试验时试样受力状态如图 7-33 所示。

2. 镶铸双金属复合锤头的热处理工艺实例

镶铸双金属复合锤头的基本情况：镶铸双金属复合锤头的磨损部位，由铬 24 型高铬白口铸铁为增强体与奥氏体锰钢为基础的（锰 13 铬 2）镶铸工艺铸成，而镶铸双金属复合锤头的非磨损部位锤柄，由奥氏体锰钢（锰 13 铬 2）铸成，其基本情况见表 7-69。镶铸双金属复合锤头的热处理工艺如图 7-34 所示。镶铸双金属复合锤头的热处理结果：高铬白口铸铁增强体热处理后无裂纹，硬度 60～63HRC；奥氏体锰钢（锰 13 铬 2）力学性能均达到标准锰 13 铬 2 奥氏体锰钢指标；防氧化涂料作用良好，铸件

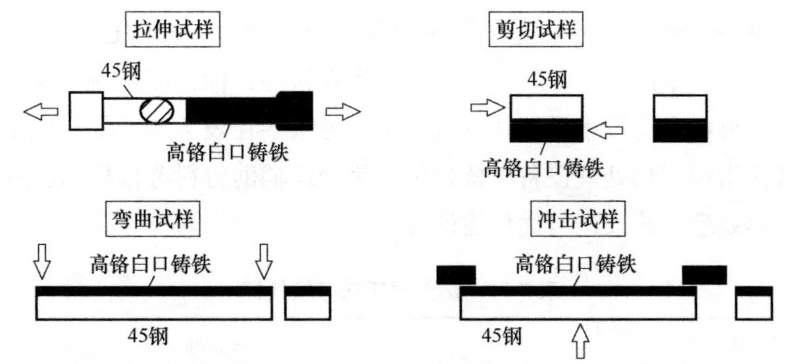

图 7-33　结合面拉伸、剪切、弯曲、冲击试验用试样试验时试样受力状态

表面几乎没有发生氧化现象。

表 7-69　镶铸双金属复合锤头的基本情况

复合锤头规格	锤头主要部位化学成分(质量分数,%)									结合部位厚度	铸态硬度
	元素	C	Si	Mn	Cr	Mo	Ni	Cu	P		
	增强体高铬白口铸铁	3.20	1.12	0.85	24.3	0.28	0.23	0.12	0.033		54HRC
100kg/件	强韧性基 Mn13Cr2	1.24	0.34	13.6	1.82				0.061	89μm	220HBW
	锤柄部位(Mn13)	1.24	0.34	13.6	1.82				0.059		220HBW
增强体高铬白口铸铁含硫量(质量分数)0.038%;奥氏体锰钢(Mn13Cr2)含硫量(质量分数)0.037%											

注：考虑到奥氏体锰钢（Mn13Cr2）的高温抗氧化性能较差的实际情况，为防止锤头在热处理过程中严重氧化，镶铸复合锤头表面应预先涂挂一层防氧化涂料（采用浸深法）。

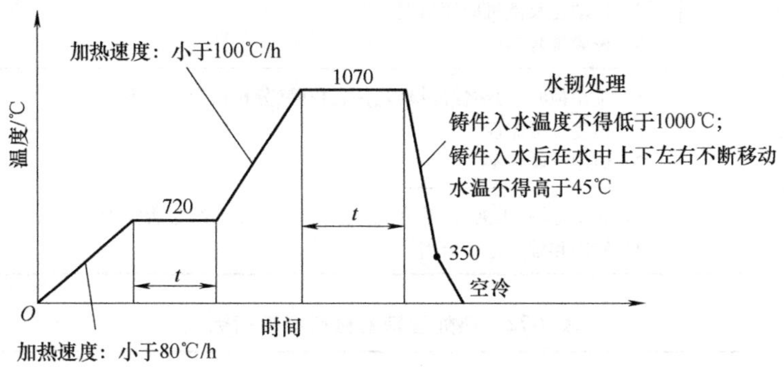

图 7-34　镶铸双金属复合锤头的热处理工艺

7.5　抗磨白口铸铁热处理工艺的全面考核

为了提高热处理质量，必须要使用严控工艺参数的先进热处理设备、适宜的热处理

工艺、优质的辅助材料，并严格进行热处理前后质量检验。同时还要不断总结经验教训，不断提高热处理生产水平和技术水平。为实现这一目标，应对热处理工艺水平、热处理设备、辅助材料和管理水平等认真进行全面考核。在表7-70~表7-74中分别列出了热处理工艺考核指标、热处理设备考核指标、热处理辅助材料考核指标、热处理管理水平考核指标、热处理工艺改进与优化建议等。

表7-70　热处理工艺考核指标

项　　目	考核指标
产品质量	1）力学性能 2）组织及缺陷 3）表面质量(色泽、表面氧化及脱碳程度、粗糙度) 4）尺寸精度及变形程度 5）使用性能—寿命
工艺的合理性	1）生产效率 2）生产成本 3）工艺的稳定和可靠性 4）能耗 5）劳动条件 6）环境污染等

表7-71　热处理设备考核指标

项　　目	考核指标
热处理炉	1）制造水平:炉温均匀性、保温性、散热性、运行可靠性、使用安全性、维修方便性、结构合理性、能耗、工艺参数的自控水平、环保性 2）使用水平:选用是否合理、是否定期维修、能否按工艺操作
炉控水平	1）炉控仪表(温度、气氛、压力、流量)的完整性和可靠性 2）自动化及微机应用情况 3）校验维修制度
试验及测试设备	1）金相检验、力学性能检验、仪表校验、分析仪等是否齐全 2）精度及可靠性 3）使用维修水平
辅助设备	1）起重运输、工夹具、矫直、清洗、清理、冷却系统是否完善 2）使用和维修是否恰当

表7-72　热处理辅助材料考核指标

材料名称	考核指标
制备可控气氛的原料	来源的稳定性及可靠性、运输是否方便、保管的安全性
盐浴炉用盐及校正剂	纯净程度、再处理的简易性
防护涂料及防渗剂	使用是否方便可靠、安全环保
淬火冷却介质	冷却能力、安全性、稳定性、对环境是否污染、是否可调节与控制

表 7-73 热处理管理水平考核指标

项　目	考核指标
工艺管理	1）工艺设定（工艺类型、设备、装炉方法、加热、保温、冷却及后处理方法等） 2）工序及规程（工序、加热温度及速度、保温、气氛、装炉量、出炉操作、冷却方法） 3）后处理（清洗、喷丸、矫直、防锈）等是否工艺合理、严格认真
铸件（材料）管理	1）检验（材料牌号、成分、淬透性、力学性能、金相组织、形状及尺寸外观）是否严格认真 2）库内铸件管理是否井然有序 3）预处理是否正确 4）前期加工是否正确
人员管理	1）人员素质：经验、知识、技能、责任心 2）人员教育与培训
设备管理	1）加热设备：加热区域温度均匀性、升降温速度、炉气稳定性、运输设备及工夹具的适应性 2）冷却设备：冷却能力的测定、冷却速度及流动方式、搅拌方法、浸入时间、冷却介质的稳定性 3）检验设备：检测制度及仪表完好程度
辅助材料的管理	选用材料的合理性、保管、检验及使用情况
质量管理	是否根据企业标准全面认真地进行检验

表 7-74 热处理工艺改进与优化建议

目　的	主要措施
防氧化、防脱碳	1）可控气氛热处理 2）使用优质防氧化涂料（防氧化和脱碳） 3）液态床加热热处理（如盐浴） 4）包装热处理（如密封箱内）
减少淬火变形与开裂	1）合理选材 2）使用新淬火介质 3）降低加热速度 4）改进淬火方法 5）用表面或局部淬火代替整体淬火
提高产品使用性能	1）采用强韧化新工艺 2）优化热处理工艺并严格控制 3）计算机的应用

7.6 高温热处理时抗磨铁件表面氧化与防氧化措施

各类白口铸铁（例如普通白口铸铁、低铬和中铬白口铸铁如 Cr12 型和 Cr15 型高铬铸铁、钒白口铸铁、锰白口铸铁、钨白口铸铁、硼白口铸铁等），各类抗磨白口铸铁—铸钢双液或镶铸双金属复合铸件、各类奥氏体锰钢（Mn 13 和 Mn 18）、各类耐磨钢

（低碳中低合金、中碳中低合金、高碳中低合金等）、各类抗磨球墨铸铁（ADI、CADI）等抗磨铸件多数都需要适宜的使用态最终热处理，以获得最佳组织和性能。然而使用态最终热处理温度远高于铸件表面开始出现氧化现象的温度（600℃左右）。因此在热处理时的高温影响下，炉膛内氧原子不断接触铸件表面与铁原子起反应形成氧化铁（FeO-Fe_2O_3-Fe_3O_4），铸件表面常出现氧化现象，将形成不同程度的氧化层（氧化皮）。

严重的氧化可以导致铸件表面脱碳现象。这是因为随着氧化的严重，铸件表面的碳易与氧反应形成一氧化碳或二氧化碳。

铸件表面氧化带来的一些不利影响，一是会严重降低铸件近净化程度，主要表现在恶化表面粗糙度和尺寸精度以及减少有效使用尺寸和有效使用截面面积，从而降低其使用寿命。以造纸机械所用的铬 13 磨片为例，经 1070～1080℃或 1100℃高温热处理后，磨片表面尤其是工作部位齿形表面氧化十分严重，表面粗糙度由铸态 $Ra15$ 变为$>Ra50$，同时降低了磨片齿形部位的尺寸精度和实际有效使用尺寸和实际有效使用截面面积。磨片齿形宽度越小（2mm 左右）这种倾向更为突出，降低磨片使用寿命越明显。二是严重氧化将促使表面脱碳，恶化铸件表面组织和力学性能。例如表面脱碳使奥氏体锰钢铸件表面出现珠光体镶边，从而降低奥氏体锰钢的加工硬化速率和使用寿命。又如表面脱碳将使抗磨铸件表面宏观硬度和显微硬度下降，也降低其使用寿命。三是铸件表面所形成的氧化层，多数由 $FeO+Fe_2O_3+Fe_3O_4$ 等氧化铁组成，与铸件结合很弱且较松散，热处理过程中易脱落、掉进热处理炉加热元件处，尤其是铸件从炉膛出炉的一瞬间（热胀冷缩），可能造成设备短路等故障，严重影响热处理炉的正常运行和使用寿命。四是淬火或等温淬火时，铸件表面氧化层以氧化皮的形式几乎全部掉落到淬火液体介质（油或精细化工液）或等温淬火用各类盐液中，严重污染热处理用液体介质或等温淬火用各类盐液，恶化其原有的物化特性，严重影响铸件淬火或等温淬火质量和质量稳定性。五是氧化层中含有的铁等合金元素，随氧化皮大量流失，将消耗大量的铁等合金元素。我国抗磨铸件年产量已达 400 多万 t，多数铸件都需要经过使用态高温最终热处理，因铸件表面氧化而流失的大量铁等合金元素所带来的经济损失是可想而知。

不难看出需要高温热处理的抗磨铸件，在热处理时采用防氧化措施是十分必要的，应给予足够的重视。

7.6.1 国内外所采用的防氧化措施

国内外所采用的防氧化措施，可归纳如下几种。

1）采用密封性良好的热处理炉，最大限度地降低炉膛内氧含量，以达到防氧化目的。这种热处理炉，多数在炉壳与炉膛炉衬之间均设有绝热层和保温层，既能有效防止炉膛内高温向外散热，有效降低炉壳和周围温度，又能有效提高炉膛热效率和温度均匀性及密封效果。这种热处理炉由于炉壳温度较低（<40℃，手能任意摸到炉壳各处），为实施进一步提高其密封性所采用的必要工艺措施提供了十分有利的条件（例如炉门口

处或测温孔处等）。

2）采用真空度约在 10^{-3}Torr（1Torr = 133.322Pa）左右的真空热处理炉，以防铸件氧化。其效果良好，主要用于高端精密特殊零部件的热处理上，生产成本较高。一般抗磨白口铸件难以采用真空热处理炉。

3）采用从热处理炉顶部随时（不定期）向炉膛内注入惰性气体（氩气等）的专用热处理设备，使炉膛内自始至终保持惰性气氛，以防铸件表面氧化。生产实践表明此工艺效果良好，是值得关注的防氧化措施。由于高温惰性气体压力大于空气（比重大），常用的普通热处理设备难以承受，因此此工艺需要一种专用的热处理设备，以确保安全。

4）在热处理炉炉膛内造成还原性气氛，以达到铸件表面防氧化的目的。较简单的工艺措施是炉门口和炉膛四处放置有效造成还原性气氛的物质，例如干砂中埋入焦炭块或电极块，造成焦炭块或电极块不完全燃烧放出还原气体（一氧化碳），以达到防氧化的目的。此工艺虽然简单易实施且有一定效果，尤其是温度不高于 950℃时有良好的效果，但温度高于 1000℃时效果不是十分理想，并存在一定的安全隐患。

5）铸件装入在密封性好的箱内热处理，最典型的例子是类似黑心可锻铸铁小型件的退火处理工艺，多数采用这种方法有良好的效果，然而品种多尺寸大的抗磨铸件很难实施。

6）采用高温盐浴液中加热和高温保温的工艺措施，防止氧与铸件表面直接接触，以达到防氧化目的。此方法虽然效果好但大批量连续热处理时难以实施。

7）采用防氧化涂料，即热处理前铸件表面预先涂挂一层高温防氧化涂料，抑制氧与铸件表面接触，以达到防氧化目的。此工艺效果良好，较简单，易实施，成本较低，是值得关注的工艺措施。

结合国内目前热处理设备和热处理工艺实际情况，抗磨白口铸铁件高温热处理时，建议采用密封性十分好的热处理设备、热处理时炉膛内不定期注入惰性气体（氩气）的热处理设备和工艺、铸件表面预先涂挂防氧化涂料等防氧化措施等。为此下面着重论述防氧化涂料相关工艺。

7.6.2　高温热处理用防氧化涂料

热处理用防氧化涂料，多数采用水基涂料，其组成与铸造用涂料基本相似。多数由骨料、黏结剂和悬浮剂以及适宜的水组成。然而两者作用截然不同。涂挂在型腔内的铸造用涂料，随着高温铁液浇注和充型，先是承受高温和热冲刷，而后随着铸件的凝固承受温度逐渐降低；防氧化涂料所承受的温度变化趋势与前者正相反，先是承受低温，此后随着热处理温度的逐渐提高逐渐承受高温。又如铸造用涂料要求具有良好的透气性，而防氧化涂料其透气性要求越低越好等。

正因为两者的截然不同，防氧化涂料的骨料多数选用两种或两种以上。即适合于

600~800℃中温骨料和适合于高于800℃的高温骨料（1200℃）。随着热处理温度的逐渐提高，当铸件温度达到600℃以上时（开始产生氧化温度），适合于600~800℃中温骨料将在铸件表面形成完整流体状且不易流动的薄膜，防止氧与铸件表面接触。随着热处理温度的进一步提高完整流体状薄膜与高温骨料和高温黏结剂及常温黏结剂等紧密连接和结合，在铸件表面逐渐形成致密、均匀、完整且具有还原气氛的防氧化涂料层，防止氧浸入。

黏结剂一般选用两种，由常温黏结剂如水溶树脂等既有黏性又有造成涂料还原气氛的树脂和高温黏结剂组成。悬浮剂多数选用钠基膨润土。根据铸件结构和涂挂方法，用适宜的水调整其涂料的最佳黏度。

以下是一个防氧化涂料实例。

针对高铬白口铸铁-铸钢双金属复合铸件（双液、镶铸件）铸钢部位，高温热处理时其表面存在严重氧化问题，所研制的防氧化涂料及相关热处理试验结果如下。

骨料一般选用两种骨料：一种骨料A，选用资源丰富价格低廉的A粉（适合于600~800℃的），其粒度为270~320目，加入量为骨料总重量的20%；另一种骨料B，选用高温下（800~1200℃）具有良好耐高温性能、热膨胀系数小、热稳定好且资源丰富价格低廉的B粉，其粒度为270~320目，加入量为骨料总重量的80%；

常温黏结剂：本配方采用水溶性树脂，其加入量为骨料总重量的1.5%；

高温黏结剂：本配方采用价格低廉的S水溶性高温黏结剂，其加入量为骨料总重量的10.0%；

悬浮剂：为确保高温防氧化涂料的良好悬浮性，选用钠基膨润土为悬浮剂，其加入量为骨料总重量的2.0%；

将上述的两种骨料A和B粉干态下搅拌均匀，此后加入添加剂即水溶的树脂、S高温黏结剂、钠基膨润土，再次搅拌均匀；最后加入适宜的水和消泡剂，认真搅拌均匀后，当涂料黏度达到最佳控制黏度时方可使用。

防氧化涂料的涂挂工艺：根据铸件结构可采用常用的刷涂法、喷涂法、浸涂法或流涂法。

根据高铬白口铸铁—铸钢双金属复合铸件（双液、镶铸）铸钢部位所用合金材料和铸件结构特点及涂挂工艺不同，涂层厚度控制在0.15~0.3mm为宜。涂挂本涂料之前铸件表面经抛丸处理涂挂效果更佳。

上述涂料的高温热处理工艺防氧化实验结果，以高铬白口铸铁（铬质量分数为22.0%)-铸钢（45钢）双液双金属复合锤头为例。复合锤头铸钢部位基本化学成分见表7-75。

鉴于复合锤头结构较简单的实际情况，经抛丸处理后采用浸涂法涂挂工艺，把防氧化涂料涂挂在复合锤头铸钢部位表面，自然干燥后涂料厚度为0.15~0.3mm，涂层无裂纹无汽包。考虑到复合锤头高铬白口铸铁部位由于含有较高的铬其抗氧化性能较好，没有涂挂防氧化涂料。

表 7-75　复合锤头铸钢部位基本化学成分

化学成分(质量分数,%)								
C	Si	Mn	P	S	Cr	Ni	Mo	Cu
0.42~0.47	0.38~0.52	0.8~1.0	<0.04	<0.04	微量	微量	微量	微量

注：均采用一次二次孕育+变质工艺。

对复合锤头，为验证防氧化化涂料的防氧化性能，有意进行了十分苛刻的高温淬火热处理，其工艺如图 7-35 所示。

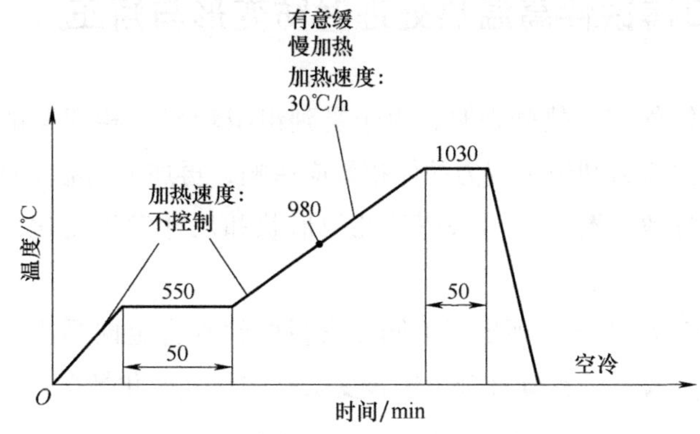

图 7-35　高温淬火热处理工艺

经高温淬火热处理结果表明，未涂挂涂料的复合锤头铸钢部位表面氧化十分严重，氧化皮的厚度在 1.5mm 左右，表面粗糙度由原来的 $Ra25$ 变为 $>Ra50$，锤头表面有轻微脱碳现象。而涂挂本涂料的复合锤头铸钢部位表面无氧化现象，热处理后复合锤头铸钢部位表面尺寸和粗糙度与铸态相一致。

高温软化热处理工艺时，为验证防氧化涂料的防氧化性能，同样有意做了十分苛刻的高温软化热处理，其工艺如图 7-36 所示。

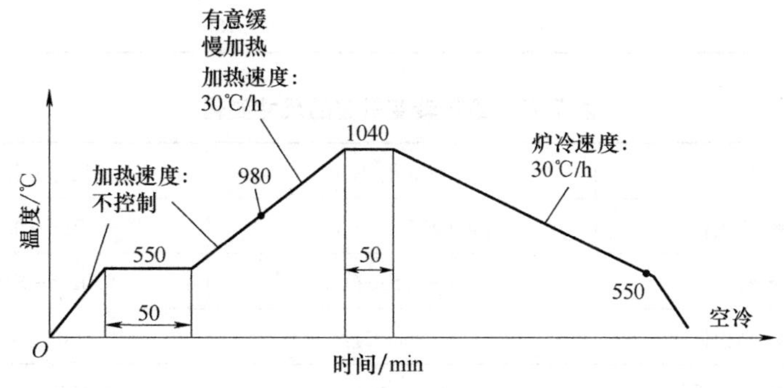

图 7-36　高温软化热处理工艺

经高温软化热处理结果表明，未涂挂涂料的复合锤头铸钢部位表面氧化十分严重，氧化皮的厚度多数在 2.5~3.0mm，表面粗糙度由原来的 *Ra*25 变为>*Ra*60，表面有脱碳现象。

涂挂本涂料的复合锤头铸钢部位表面有轻微的氧化现象，表面呈淡黄色，热处理后复合锤头铸钢部位表面尺寸和粗糙度与铸态相一致。

综上所述不难看出，本涂料对高铬白口铸铁—铸钢双液双金属复合锤头铸钢部位表面，高温防止氧化是十分有效的。该涂料已用在复合锤头、造纸机械所用的磨片和磨针的防氧化工艺上，且效果良好。

7.7　抗磨白口铸铁件高温热处理时防变形与矫正

抗磨白口铸铁铸件高温热处理时，由于受到组织转变（相变）的体积效应、热胀冷缩的体积效应、热应力和组织应力的体积效应影响，再加上高温下抗磨白口铸铁件强度急剧下降等，将导致抗磨白口铸铁铸件几何形状和尺寸发生变化，造成不同程度的变形。

在表 7-76、表 7-77 中分别列出了不同碳含量的铁碳合金向马氏体转变时的体积变化情况，以及不同碳含量的铁碳合金组织转变引起的尺寸变化情况。

表 7-76　马氏体转变时的体积变化

碳含量(质量分数,%)	马氏体密度/(g/cm^3)	形成马氏体时的体积变化(%)	备注
0.1	7.918	+0.113	淬火
0.3	7.889	+0.401	
0.6	7.840	+0.923	
0.85	7.8.8	+1.227	
1.0	7.778	+1.557	
1.3	7.706	+2.376	
1.70	7.582	+3.780	

表 7-77　组织转变引起的尺寸变化

组织转变	体积变化(%)	尺寸变化率(%)
球化组织 ⇌ 奥氏体	$-4.64+2.21w(C)$	$-0.0155+0.0074w(C)$
奥氏体 ⇌ 马氏体	$4.64-0.53w(C)$	$0.0155-0.0018w(C)$
球化组织 ⇌ 马氏体	$1.68w(C)$	$0.036w(C)$
奥氏体 ⇌ 下贝氏体	$4.54-1.43w(C)$	$0.0155-0.0048w(C)$
球化组织 ⇌ 下贝氏体	$0.78w(C)$	$0.0026w(C)$

抗磨白口铸铁的碳的质量分数远高于表 7-76 和表 7-77 中的碳的质量分数，形成马氏体时的体积变化和尺寸变化率也远大于表中的相关数值。因此淬火时抗磨白口铸铁件受到组织转变（相变）的体积效应是可想而知。

铁碳合金的线膨胀系数，随着铁碳合金组织的不同而各异。在表 7-78 中列出了铁碳合金不同组织的线膨胀系数。

表 7-78　铁碳合金不同组织的线膨胀系数

组织	奥氏体	铁素体	渗碳体	珠光体	石墨
线膨胀系数/$℃^{-1}$	17.0~24.0	12.0~12.5	6.0~6.5	10.0~11.0	7.5~8.0

抗磨白口铸铁件加热和冷却过程中，由于受到各区域内存在的不同温度梯度、不同比体积和不同膨胀系数的各组织的相互作用而引起的热应力的体积效应，导致抗磨白口铸铁件变形。

抗磨白口铸铁件淬火过程中，由于先后受到组织的转变和各转变组织不同而引起的组织应力的体积效应，同样也会促使抗磨白口铸铁件变形。

综上所述，抗磨白口铸铁件高温热处理时变形和变形程度与抗磨白口铸铁铸件成分、组织转变+膨胀系数、铸件结构、热处理工艺等有着密切联系。对于同一成分同一热处理工艺的铸件而言，刚性较低的套类、板状类抗磨白口铸铁件的变形倾向和变形程度较大，尤其是壁薄长度较长的套类和板状类铸件。因此抗磨白口铸铁件进行高温热处理时，需采用必要的防止变形工艺措施，以便得到与图纸相近、几何形状清晰和尺寸精度较高的铸件。

7.7.1　防止变形措施

根据铸件结构和技术要求及使用工况条件，优化设计抗磨白口铸铁的化学成分并严格控制，最大限度提高合金材料强韧性，尤其是高温强度，以最大限度抑制高温热处理时，由于受到组织转变（相变）的体积效应、热胀冷缩的体积效应、热应力和组织应力的体积效应、高温强度的急剧下降等所引起的变形现象；同时，优化设计热处理工艺并严格控制热处理工艺参数。例如高温热处理时，一定要严格控制加热速度，最大限度减少铸件各区域温差，以最大限度抑制温差造成的热应力。

抗磨白口铸铁组织中含有较多的共晶碳化物（体积分数为 25.0%~35.0%），导热性很差，采用较快的加热速度时，铸件各区域内将出现较大的温差和热应力，促使铸件变形，甚至导致裂纹萌生—扩展—断裂。因此抗磨白口铸铁件加热速度一定要慢，尤其是从室温到 Ac_1 加热阶段。要最大限度降低铸件各区域温差，尽量做到加热过程中铸件各区域内温度分布均匀。铸件结构较简单时，一般采用小于 100℃/h 加热速度；铸件结构较复杂且壁厚相差较悬殊时采用小于 80℃/h 加热速度为宜。又如高温热处理时，一定要优化选择最佳奥氏体化温度和保温时间，使铸件各区域充分奥氏体化、其温度和成分得到充分均匀化，为获得理想组织和最大限度减少变形创造有利条件。最佳奥氏体化温度由铬碳比或所有形成碳化物中金属元素之和与碳元素的质量比选择为宜。保温时间采用铸件每 25mm 壁厚保温 1h 计算为宜。再如高铬白口铸件奥氏体化后所采用的冷却速度要适宜。要做到高温阶段即由奥氏体化温度冷却到 550℃左右阶段，尽可能采用快冷且均匀的冷却工艺，最大限度减少冷却过程中铸件各区域因温度梯度所产生的热应力，以最大限度减少热应力引起的体积效应。根据铸件的化学成分和结构特点，可选用空冷、风冷、喷雾或液体介质淬火（油或盐浴）。当铸件冷却到 550℃左右时，要采用较慢的冷却速度，尤其是铸件冷却到 *Ms* 点 ~ *Mf* 点范围时，要采用较慢的冷却速度。一是确保奥氏体向马氏体转变拥有充分时间，二是确保面心立方晶格的奥氏体向体心立方晶格的马氏体转变引起的体积膨胀缓慢的完成，以最大限度减少组织相变和组织应力的体积效应。

铸件装炉方法要合理，装炉时，刚性较差易变形的套类、板状类铸件，尽可能按抗弯强度较高的方向装炉。如套类铸件如管状类立着装炉，板状类铸件如板锤立着装炉。必要时可采用专用防变形夹具，以最大限度减少变形。

7.7.2　矫正

抗磨白口铸铁件经热处理后，其变形量超过图纸所规定要求时，可进行高温热矫正。结构简单的板状类铸件，一般采用适宜压力机（油压）热矫正，矫正时要充分考虑到抗磨白口铸铁塑性较差这一特点，逐步逐渐完成矫正。结构较复杂的铸件，多数采用专用模具压力热矫正。热矫正的温度一般控制在该铸件最佳奥氏体化温度范围内。

值得指出的是，抗磨白口铸铁件高温热处理时引起的变形，往往是导致铸件产生裂纹的主要原因，在热处理中应给予足够的重视。

参 考 文 献

[1] PEARCE J T. High chromium cast irons to resist abrasive wear [J]. Foundryman, 2002, 95 (4): 156-166.

[2] DOGAN O N, HAWK J A, LAIRD, et al. solidification structure and abrasion resistance of high chromium white irons [J]. Meta-llurgical and Materials Transactions A, 1997, 28A (6): 1315-1328.

[3] LIU J H, LIU G S, LI G L, et al. Research and apply cation of as-cast wear resistance high chromium cast iron [J]. Chinese Journal of Mechanical Engineering (English Edition), 1998, 11 (2): 130-135.

[4] 李卫. 铸造手册：第 1 卷 铸铁 [M]. 4 版. 北京：机械工业出版社，2021.

[5] 陈华辉，邢建东，李卫. 耐磨材料应用手册 [M]. 2 版. 北京：机械工业出版社，2012.

[6] 郝石坚. 高铬耐磨铸铁 [M]. 北京：煤炭工业出版社，1993.

[7] 符寒光. 含钨合金铸铁 [J]. 现代铸铁，1990 (4): 20-23.

[8] 朴东学，孙超英，李卫，等. 湿态磨料磨损用抗磨铸铁及磨损特性的研究 [R]. 沈阳：沈阳铸造研究所，1989.

[9] 周庆德，饶启昌，苏俊义，等. 铬系抗磨铸铁 [M]. 西安：西安交通大学出版社，1987.

[10] 大城圭作. 合金白铸铁の凝固 [J]. 铸物，1994 (66): 764.

[11] ZUM-GAHR K H. How microstructure affects abrasive wearResistance [J]. Metal Progress, 1979, 116 (2): 46-50.

[12] 宋量，朴东学. 优质耐磨铸件应具有的关键要素与关键冶金质量指标 [C]//中国铸造协会. 中国耐磨铸件. 北京：中国铸造协会，2013.

[13] 符寒光. 钾钠在铸造合金中的作用 [J]. 材料开发与应用，2000, 15 (1): 40-45.

[14] 柳青，杨华，丁海民，等. Sr 对高铬铸铁变质作用的研究 [J]. 金属铸锻焊技术，2011 (2): 48-50.

[15] 刘劲松，龙小兵，何建军，等. 悬浮铸造、半固态铸造与固液混合铸造 [J]. 长沙航空职业技术学院学报，2003, 3 (1): 56-58.

[16] 翟利民，祁瑞红. 振动场对铸造合金凝固结晶的影响 [J]. 山西机械，2000 (3): 42-43, 48.

[17] 赵忠兴，穆光华. 超声波对铸造合金组织和性能的影响 [J]. 铸造，1996, 45 (3): 21-25.

[18] 吴邦富. 根据金碳比确定高铬铸铁淬火工艺 [J]. 金属热处理，2011, 36 (12): 126.

[19] 中信金属公司 CITIC-CBMM 中信微合金化技术中心. Nb-神奇的铌在铸造工业中的应用 [Z]. 北京：中国中信集团公司，2006.

[20] 朴东学，齐笑冰. 真空（负压）实型铸造生产针状基体抗磨铸钢件 [J]. 铸造，1996, 45 (11): 24-26.

[21] 刘幼华. 冲天炉手册 [M]. 北京：机械工业出版社，1990.

[22] 中国机械工程学会热处理学会. 热处理手册：第 1 卷 工艺基础 [M]. 4 版修订本. 北京：机械工业出版社，2013.

[23] 陆文华. 铸铁及其熔炼 [M]. 北京：机械工业出版社，1986.

[24] 张长军，宋绪丁，符寒光，等. 铸造合金及耐磨材料 [M]. 北京：冶金工业出版社，2011.

[25] 陈琦，彭兆弟. 铸件热处理应用手册 [M]. 北京：机械工业出版社，2011.